LES MYTHES GRÉCO-ROMAINS OU LA FORCE DE L'IMAGINAIRE

COLLECTION

« IMAGINAIRES »

(Anciennement collection « STRUCTURES ET POUVOIRS DES IMAGINAIRES »)

dirigée par

Myriam WATTHEE-DELMOTTE et Paul-Augustin DEPROOST

Les sciences humaines soulignent aujourd'hui l'importance des imaginaires, c'est-à-dire du réseau interactif des représentations mentales nourri par l'héritage mythique, religieux et historique et par l'expérience vécue. Constamment réactivé dans les productions culturelles, ce réseau constitue un système dynamique qui se superpose au réel pour lui octroyer des structures signifiantes au niveau de l'interprétation individuelle et collective. Ces structures sont souvent cryptées et leur pouvoir de mobilisation est d'autant plus fort qu'elles restent en deçà du niveau de conscience ; leur analyse permet de comprendre la force de conviction des images utilisées dans les stratégies politiques, commerciales, etc. Contrairement aux représentations fixes, les imaginaires visent un réseau sémantique interactif : l'adaptabilité des structures de l'imaginaire à différents contextes explique sa puissance de façonnage du réel.

L'objectif de cette collection est de rendre compte des travaux développés dans le Centre de Recherche sur l'Imaginaire de l'Université catholique de Louvain (Louvain-la-Neuve) ou en lien avec lui. Elle a pour spécificité d'aborder cette problématique dans une perspective transdisciplinaire : elle rapproche à cet égard les champs de l'antiquité (qui interroge les sources, notamment mythiques, et en propose une typologie) et de la modernité (qui porte la trace des permanences et des mutations des imaginaires), et fait se croiser les domaines de la littérature et des arts (lieux d'ancrage prioritaires des imaginaires dans des structures décodables) avec l'histoire (qui témoigne des formes d'efficacité des imaginaires dans le réel). Ce champ d'investigation se trouve renforcé par l'apport de différentes disciplines en sciences humaines.

Les auteurs qui publient dans la collection sont responsables de leurs textes et des droits de reproduction y afférents.

LES MYTHES GRÉCO-ROMAINS OU LA FORCE DE L'IMAGINAIRE

Les récits de la construction de soi et du monde

Joël THOMAS

Préface de Paul-Augustin DEPROOST

academia
L'Harmattan

Illustration de couverture :
« Le cerveau à l'épreuve du labyrinthe »
(Source retravaillée : http://www.lapresse.ca/le-nouvelliste/actualites/201603/13/01-4960294-conferences-a-luqtr-comment-se-porte-votre-cerveau.php)

Les originaux de ce livre, prêts à la reproduction, ont été fournis par les directeurs de la publication

ISBN : 978-2-8061-0331-4 D/2017/4910/11

Grand'Place, 29
B-1348 Louvain-la-Neuve

www.editions-academia.be

À Arlette et Juliette

PRÉFACE

La force de l'imaginaire ! La formule annonce à la fois une autorité et une énergie, la qualité de ce qui s'impose, mobilise ou contraint. En l'occurrence, celle de l'imaginaire, un univers dynamique d'images ou de représentations, parfois viscéral et incantatoire, ancré au plus profond de nous-mêmes, qui nous oblige constamment à inventer l'inconnu pour donner du sens au connu, sans quoi l'aventure humaine se limiterait à n'être qu'un impératif biologique. Pour progresser ou grandir en humanité, l'homme ne peut, en effet, se satisfaire du déterminisme de l'instinct animal ; les syllogismes n'y suffisent pas non plus. Car l'instinct n'offre qu'une nécessité sans conscience et les idées ne sont pas de ce monde, comme le reconnaissait déjà Platon ; pour vivre sa vie, l'homme, qui n'est ni ange ni bête, a tout simplement besoin d'images et de vision qui humanisent l'instinct en désir, qui donnent chair à sa pensée, et substituent à la pesante inertie de l'« ici et maintenant » la tension libératrice des utopies. Ces images et cette vision, les hommes les ont structurées en récits au cours des âges, pour en partager et en enrichir la mémoire dans leurs communautés ; ce sont les mythes, qui résonnent comme « le chant profond » de l'humanité, selon la belle expression du poète Federico Garcia Lorca, afin de faire advenir à la conscience ce qui n'est plus ou n'est pas encore et qui doit expliquer les enjeux de ce qui est. Éros et Aphrodite pour raconter les mystères de l'amour ; les mythes de création pour raconter l'étiologie des choses, des lieux ou phénomènes naturels ; les armes d'Achille, les rames d'Ulysse, les larmes d'Énée pour raconter les valeurs qui méritent le combat des héros. *Sunt lacrimae rerum...*

Tandis qu'il écrivait ce livre, Joël Thomas fut certainement un homme heureux. Heureux de retrouver ces mythes antiques qu'il a souvent étudiés séparément ou dans l'œuvre de son cher Virgile, mais pour les rassembler cette fois dans une réflexion inclusive qui revisite les typologies particulières et en organise les constantes à l'intérieur d'un système mythologique intégré ; heureux aussi comme l'artisan qui boucle les derniers fils d'une toile patiemment tissée avant d'offrir au regard le chatoiement de l'ouvrage terminé. Car ce livre reprend les intuitions d'une longue carrière érudite consacrée à l'étude des imaginaires anciens, pour les nouer en une pensée globale, et par là même nouvelle et novatrice, en phase avec la sagesse du mythe, considéré par les anciens comme « système du monde ». Dans son livre pionnier sur les *Structures de l'imaginaire dans l'Énéide,* Joël Thomas cherchait déjà à redonner du sens à la prégnance des univers symboliques et antagoniques qui constituent le poème virgilien, pour redécouvrir, à travers les tensions des héros mythiques, une juste image de la complexité humaine, bien au-delà de ce que peuvent nous en dire tous les argumentaires abstraits. On retrouve ici cette même intuition, élargie à une typologie générale des légendes antiques : le mythe est le moyen que se sont donné les hommes de tout temps pour représenter, à travers la quête initiatique des « grands ancêtres », leur manière d'être au monde, aux autres et à leur environnement ; le mythe façonne les sociétés humaines en y créant des réseaux symboliques et narratifs qui valident, dans la mémoire des temps d'origine, les valeurs fondatrices des consciences collectives.

La nouveauté de cette démarche a résolument sorti le mythe de la chasse gardée de l'histoire des religions ; il est devenu un objet de recherche qui intéresse plus largement l'ensemble des sciences humaines ; il est au cœur de la réflexion contemporaine sur les imaginaires, dans la mesure où il fonde des systèmes de représentations mis en œuvre par les cultures pour donner un sens au réel. Le travail de Joël Thomas se situe exactement à cet endroit, que l'on pourrait définir comme un « bon usage axiologique du mythe » et dont les anciens, philosophes ou poètes, avaient déjà eu l'intuition lorsqu'ils avaient commencé de relire les événements de leur « histoire sainte » non plus comme des objets de foi, mais comme des figures symboliques qui emportent l'adhésion là où la raison raisonnante ne convainc pas. Lié aux temps des commencements, à l'époque où « les hommes parlaient aux dieux », le mythe raconte, explique et révèle des vérités profondes que l'esprit humain ne peut à lui seul découvrir, mais qu'il cherche à comprendre. Il est le discours qu'utilise la mémoire pour garder ou construire le souvenir de ce qui est trop loin dans le temps — ce sont les mythes de création, de fondation ou d'eschatologie —, dans l'espace — ce sont les mythes de voyage ou des confins —, dans le cœur — quand le mythe dit les peurs, les tabous, les bonheurs ou les malheurs que la raison s'interdit de penser.

Pour autant, les événements dont le mythe porte la mémoire ne peuvent pas être contrôlés, sans quoi il rejoindrait la science et perdrait de sa valeur incantatoire. « Ces événements n'eurent lieu à aucun moment, mais existent toujours ». Cette parole du philosophe Saloustios définit très précisément la qualité du discours mythique, insaisissable dans la matérialité de ce qu'il raconte, et pourtant reconnaissable dans la réalité de ce qu'il dit. Quoi de plus mythique que la légende de Romulus et Rémus ; quoi de plus réel que la Ville qui en est issue et qui elle-même a donné naissance à un mythe urbain fondateur d'une certaine conception de l'homme dans la cité. Ulysse a vécu à l'aube des temps historiques et il serait bien vain d'en rechercher la dépouille ; mais les territoires qu'il a traversés, les monstres qu'il a affrontés, le pays où il est revenu sont ceux que traversent, qu'affrontent et où reviennent tous les hommes lorsqu'ils acceptent de sortir d'eux-mêmes, lorsqu'ils rencontrent l'altérité ou qu'ils reconquièrent une identité perdue.

En ce sens, le mythe relève bien d'une démarche cognitive indispensable à tout processus civilisateur. D'Œdipe à Orphée, du Labyrinthe à l'Atlantide, les mythes ponctuent certes les temps immémoriaux de l'histoire humaine, mais ils expliquent aussi les rituels d'aujourd'hui. Car tout effort de civilisation implique nécessairement des évolutions, des ajustements dont l'histoire des mythes porte la trace. Un mythe n'est jamais à sens unique ; il est un carrefour en perpétuel chantier. En émergence explicite ou en immergence implicite, les mythes continuent effectivement de vivre dans leurs réécritures, littéraires ou plastiques, pour produire les imaginaires nécessaires à la compréhension des sociétés en mutation ; puisque les hommes y inscrivent la mémoire de leur histoire singulière et collective, les mythes sont doués d'une plasticité qui autorise les lectures les plus diverses, sinon les plus contradictoires. Tous les mythes évoqués par Joël Thomas dans son livre portent les marques de ces évolutions, de ces adaptations, de ces mues, qui, loin d'effacer leur identité signifiante, la stimulent et l'enrichissent au gré des environnements nouveaux qui les convoquent. Ainsi, par exemple, pour compléter ce qu'en dit Joël Thomas, le mythe de l'âge d'or. Tantôt regretté comme un temps d'innocence, tantôt contesté comme un temps d'inertie, ce mythe révèle, dès ses relectures antiques, notamment lorsqu'il fut associé à la quête des Argonautes, la difficulté d'établir un juste rapport entre l'homme et la nature ; en maîtrisant la nature, et donc en grandissant en civilisation, l'homme a pris le risque de rompre les alliances originelles et d'accélérer son propre anéantissement, comme s'il était condamné à ne progresser qu'« à reculons », en s'éloignant toujours plus du bonheur primordial vers les âges de souffrance ; la Bible inverse la perspective en faisant sortir l'homme du Jardin de la *Genèse* pour le conduire vers la Ville céleste de l'*Apocalypse*, à travers le thème pascal et chrétien de la *felix culpa*. Et pour le mythe du phénix, dont il n'est pas question ici, on pourrait même parler d'une mise à jour massive dans la pensée chrétienne, car le mythe païen, plutôt confidentiel dans ses attestations antiques, a gagné en force symbolique et en épaisseur narrative lorsque les poètes chrétiens ont chanté le destin singulier de cet oiseau à la fois primordial et eschatologique, mort et rené, cyclique et maître du temps, abstinent et chaste.

Tant il est vrai que la plasticité du mythe est la condition même de sa survie. Si l'on veut conserver au mythe la marge d'enchantement qu'il requiert pour donner du sens aux choses, le mythe doit rester ouvert aux interférences, sans quoi il se fige en un formulaire dogmatique qui stérilise la pensée et qui produit l'intégrisme ou l'idéologie. Pour légitimer son nouveau pouvoir, Auguste a donné une nouvelle interprétation à la chute de Troie, à travers la quête d'Énée chantée par Virgile, reconnaissant ainsi la flexibilité du mythe homérique ; mais il a lui-même brisé le souffle mythique lorsqu'il a interdit à Ovide de jeter la suspicion sur la piété d'Énée dans ses *Métamorphoses*. Le héros mythique est alors devenu un modèle idéologique ; le récit est devenu un dogme ; le mythe a perdu son sens, car il est devenu sa propre vérité, littéralement mensongère et dès lors indigne de mémoire puisque son objet n'existe pas. Comme disait déjà saint Augustin, « la fable du vol de Dédale ne peut pas être vraie, s'il n'est pas faux que Dédale ait volé » ; qu'est-ce à dire sinon que le mythe tient sa vérité d'ailleurs que de lui-même, dans l'ordre du symbole et non dans l'ordre littéral.

Investi par la logique de l'imaginaire, le mythe a toujours été un lieu privilégié d'esthétique, de littérature, de musique, de cinéma ; la psychanalyse en a aussi fait un lieu de thérapie. Joël Thomas n'ignore rien de ces réécritures, comme en attestent les deux annexes de son livre et les inventaires choisis en tête de chacun des mythes qu'il étudie avec quelque détail. Soucieux d'élaborer une « grammaire universelle » des mythes, il explore même l'univers des neurosciences qui confirme, notamment, dans la connaturalité des structures biologiques du cerveau et des structures symboliques de la pensée, l'intuition de Gilbert Durand sur la capacité de l'imaginaire à charger des images de virtualités de sens totalement éloignées de leur valeur première. La couverture du livre illustre cette affinité essentielle, où se rejoignent les circonvolutions du cerveau humain et les trajectoires sinueuses du labyrinthe, une des images de la complexité les plus universellement partagées. Jusque dans l'ambiguïté de son centre, — s'il en a un —, en même temps dévorateur quand il cache la monstruosité du Minotaure, et libérateur quand il ouvre la porte de la Cité sainte sur les pavements de nos cathédrales.

À l'image d'un labyrinthe dynamique, le mythe est alors un processus de création continue, poreux à toutes les relectures et tous les mots qui le disent pour le construire indéfiniment. De ce point de vue, on n'épuisera jamais l'intensité de la poésie virgilienne, qui traverse toute l'œuvre scientifique de Joël Thomas et où le moindre mot est toujours gros d'un destin qui échappe complètement à la pensée de son auteur tout en étant connaturel à la poésie qui la porte. Virgile a-t-il jamais imaginé que son œuvre deviendrait un jour un « profond sanctuaire » ouvert au « culte des savants pour qu'ils en célèbrent les mystères », selon la belle expression de Macrobe ? La conscience des *integumenta Virgilii,* médiatisée par les exégèses des grammairiens philosophes de l'antiquité tardive, a donné le branle à cette image d'un Virgile prophète du Christ, totalement improbable en son immédiateté et pourtant tellement juste en sa plasticité, comme celle, tout simplement, d'un Virgile prophète d'une humanité en résilience.

Entre vérité symbolique et métaphore éthique, les permanences des imaginaires mythiques sont un chiffre herméneutique qui, dès l'antiquité, a permis d'interroger les signes des temps avec toute l'acuité requise pour en sonder les énigmes. C'est ici le chant d'Orphée qui continue de faire entendre ses harmonies à travers la poésie, cette « fileuse de mémoire », comme l'appelait Saint-John Perse. À toutes les étapes de ses reprises, ce mythe redéfinit chaque fois les valeurs du langage, de la musique et de la poésie pour dire aux hommes ce qu'il convient d'entendre dans les mots et les sonorités qui conviennent au propos. Au début du IIIe siècle, l'empereur païen Alexandre Sévère conservait dans son oratoire privé des représentations conjointes d'Orphée et du Christ, et les chrétiens de ce temps ont commencé de croiser la légende du poète-musicien avec les mystères de leur foi pour définir les termes d'une nouvelle harmonie universelle au sein d'une nature entièrement pacifiée. Sans compter que ce mythe inclut aussi une certaine ascèse du regard, qui ne se précipite pas pour juger, stigmatiser ou adorer, sous peine de perdre à jamais Eurydice dans l'impatience d'un geste incontrôlé. À tous les moments de leur histoire et de leur réception, les mythes ont construit une vision du monde et formé l'œil de celui qui refuse de se laisser enfermer dans « l'opacité des choses », comme dit le poète Prudence. À la manière de Giono, dont un des romans revisite la guerre de Troie dans l'univers fantasmé de ses héros, les mythes ont toujours porté le « chant du monde ». En perpétuer la rumeur reste aujourd'hui une exigence culturelle et éthique si l'on veut redonner du sens et de la voix à des valeurs en fragilité. On remerciera Joël Thomas d'avoir écrit ce livre qui nous encourage à ne pas cesser d'écouter Orphée pour que ce chant continue de rythmer les pulsations du monde.

Paul-Augustin DEPROOST

INTRODUCTION

> « La vie nous lance en l'air comme des cailloux, Et nous disons là-haut : "Voyez comme je bouge !" »
>
> (F. Pessoa, *Le Livre de l'Intranquillité*)

Pourquoi les mythes résistent-ils au temps qui passe ? Les périodes historiques qui les ont produits s'enfoncent dans les limbes de notre oubli ; les mythes, eux, sont toujours là, tapis au fond de notre mémoire collective. Pourtant, ils auraient pu s'estomper eux aussi. Mais ils résistent, comme une nappe profonde qui continue d'irriguer notre imaginaire, par-delà les strates accumulées des périodes historiques. Pour en être persuadés, il nous suffit de voir leur vitalité et leur présence dans la littérature populaire contemporaine (la science-fiction, les jeux de rôle, la bande dessinée, ou l'extraordinaire impact mondial d'une série comme *Game of Thrones*). C'est cela, la force des mythes, et leur réelle présence dans nos imaginaires. Pourquoi cette pérennité ?

Très vite, les hommes se sont raconté des histoires. Quand *Homo sapiens* a émergé de l'animalité, il l'a fait essentiellement par sa faculté imaginative, et par l'apparition de la fiction, de la capacité de parler de choses qui n'existent pas vraiment (à travers les peintures, les rituels religieux, puis les récits et les contes). Mais comment passer le seuil de l'imagination individuelle ? C'est là le coup de génie d'*Homo sapiens*. Il découvre la capacité de captiver, de toucher, d'instruire par ses récits, et donc de multiplier ses forces, à partir du moment où de grands groupes d'inconnus ont des croyances collectives, et croient tous à des mythes communs. À partir de là, on peut fonder des empires.

Mais pourquoi cet impact collectif, qui donne valeur de réalité à l'imaginaire mythique, et va devenir efficace, en modifiant la pensée et le comportement de ceux qui l'écoutent ? Ce sont d'abord l'anthropologie, puis les neurosciences, qui nous apportent la solution.

Au XXe s., l'anthropologie avait redonné leur place aux forces de l'imagination et de l'intuition, dans un système de l'imaginaire devenu complexe. Par-delà l'hégémonie du sacré et du religieux, puis l'hégémonie de la raison, tout aussi totalitaire, le balancier avait trouvé son équilibre. Avec Descartes, puis les Lumières, la raison s'était érigée en maîtresse avec parfois autant de brutalité et d'intolérance que les croyances qu'elle condamnait : c'est bien au nom de la raison et du progrès que la Russie soviétique a déporté sa population au Goulag. Au XIXe s. et au XXe s., certains courants littéraires, dont le Romantisme, avaient bien tenté de lui redonner une place plus importante : on connaît, par exemple, la belle parabole d'*Animus et Anima* évoquée par P. Claudel[1]. Mais ces voix restaient étouffées, marginales.

Il faudra attendre les sciences humaines, et la deuxième moitié du XXe s., pour que, à la suite des travaux de G. Durand, E. Morin, P. Diel, A. Damasio, J.-J. Wunenburger *et alii*, l'imagination soit réhabilitée, et qu'on lui redonne sa vraie place, dans un système imaginaire complexe, où elle est réconciliée avec la rationalité, et coopère avec elle. Maintenant, on parle de « raison sensible »[2], ou de « raison contradictoire »[3]. C'est une importante révolution cognitive, qui pose le fonctionnement de

---

1 « Tout ne va pas bien dans le ménage d'Animus et d'Anima, l'esprit et l'âme. Le temps est loin, la lune de miel a été bientôt finie pendant laquelle Anima avait le droit de parler tout à son aise et Animus l'écoutait avec ravissement. Après tout, n'est-ce pas Anima qui a apporté la dot et qui fait vivre le ménage ? Mais Animus ne s'est pas laissé longtemps réduire à cette position subalterne et bientôt il a révélé sa véritable nature, vaniteuse, pédantesque et tyrannique. Anima est une ignorante et une sotte, elle n'a jamais été à l'école, tandis qu'Animus sait un tas de choses, il a lu un tas de choses dans les livres, il s'est appris à parler avec un petit caillou dans la bouche, et maintenant, quand il parle, il parle si bien que tous ses amis disent qu'on ne peut parler mieux qu'il ne parle. On n'en finirait pas de l'écouter. Maintenant Anima n'a plus le droit de dire un mot. Il lui ôte, comme on dit, les mots de la bouche, il sait mieux qu'elle ce qu'elle veut dire et au moyen de ses théories et réminiscences il roule tout ça, il arrange ça si bien que la pauvre simple n'y reconnaît plus rien [...]. Il invente des choses pour lui faire de la peine et pour voir ce qu'elle dira, et le soir il raconte tout cela au café à ses amis. Pendant ce temps, elle reste en silence à la maison à faire la cuisine et à nettoyer tout comme elle peut après ces réunions littéraires qui empestent la vomissure et le tabac [...]. Un jour qu'Animus rentrait à l'improviste, ou peut-être qu'il sommeillait après dîner, ou peut-être qu'il était absorbé dans son travail, il a entendu Anima qui chantait toute seule, derrière la porte fermée : une curieuse chanson, quelque chose qu'il ne connaissait pas, pas moyen de trouver les notes ou les paroles ou la clef ; une étrange et merveilleuse chanson. Depuis, il a essayé sournoisement de la lui faire répéter, mais Anima fait celle qui ne comprend pas. Elle se tait dès qu'il la regarde. L'âme se tait dès que l'esprit la regarde. » (« Parabole d'Animus et d'Anima : pour faire comprendre certaines poésies de Rimbaud », *Positions et propositions*, Bibliothèque de la Pléiade, Gallimard, 1965, p 27-28).

2 Cf. M. Maffesoli, *Éloge de la raison sensible*, Paris, Grasset, 1996.

3 Cf. J.-J. Wunenburger, *La Raison contradictoire. Sciences et philosophie modernes : la pensée du complexe*, Paris, Albin Michel, 1990.

la psyché humaine sur les bases d'une double réalité : la réalité imaginaire, et la réalité objective (qu'il ne faut pas non plus perdre de vue, car, comme le dit plaisamment P. Waltzawick, au restaurant, il n'y a quand même que les schizophrènes pour manger la carte à la place du menu !).

Dans ce domaine, les *Structures anthropologiques de l'imaginaire* de Gilbert Durand ont apporté une contribution décisive à l'étude des mythes. À la suite de Jung et de Bachelard, et en se fondant sur les découvertes de la réflexologie, il nous propose une typologie générale de l'imaginaire, une mise en évidence des processus d'organisation qui permettent de classer les images en trois grandes constellations. Rappelons-les grandes lignes de cette phénoménologie, pour laquelle nos schèmes mentaux s'organisent en une grammaire de l'imaginaire, dont les principes sont les mêmes que ceux qui régissent nos réflexes, et dont ils sont en quelque sorte la sublimation.

Enchaînant sur les travaux de G. Bachelard et de M. Eliade, Durand part d'une bipartition **régime diurne** (associé aux réflexes à dominante posturale : schèmes de l'ascension, élan vers le sublime, figures du héros, monde régi par le Père) / **régime nocturne** (associé aux réflexes à dominante digestive : schèmes de la fusion, volonté de se fondre dans plus grand que soi, ou de se laisser « digérer » par les figures de la Mère).

Puis il repère, à l'intérieur du régime nocturne, une nouvelle bipartition entre **nocturne synthétique** (associé aux réflexes à dominante copulative : schème rythmique ; mise en relation, en tissage ; figures symboliques du Fils, du Voyageur, de l'Initié, et de tous ceux qui passent et font passer) et **nocturne mystique**. (correspondant, lui, au régime nocturne défini *supra*).

Cette structure peut sembler un peu ambiguë : on se demande si elle relève d'une logique binaire (deux régimes de l'imaginaire, diurne et nocturne) ou ternaire (trois schèmes archétypaux : distinguer, relier, confondre). À la lumière des acquis de la systémique, il est sans doute intéressant de conserver la typologie, mais d'en modifier la présentation, que nous orienterons vers la définition d'un système : entre les figures du Père et de la Mère, la figure du Fils (ou de la Fille) apparaît comme une émergence reliant les deux mondes, diurne et nocturne, et leur donnant sens tout en les dépassant (cf. tableau *infra*). La démarche héroïque du Fils-voyageur et fondateur (qui tient une place importante dans le corpus mythologique) apparaît alors comme l'acte d'un passeur et d'un médiateur, qui construit le monde en se construisant, à partir des deux mondes génériques du Père et de la Mère, dans une progression à la fois anagogique et initiatique, proche du processus jungien d'individuation :

RÉGIMES	DIURNE	NOCTURNE	
	schizoïde	synthétique	mystique
Mots-clefs	distinguer/séparer	réconcilier les opposés	confondre, fusion
	PÈRE	FILS/FILLE métamorphose	MÈRE repli utérin
Caractéristiques	Raison, Lumière, connaissance clarté	Progression, apprentissage	Intuition, Folie, enthousiasme nuit
Figures	HÉROS	INITIÉ (voyageur) (passeur)	AMANT
Dominantes	posturale (haut/bas) aurore/crépuscule	copulative rythme	digestive
Représentations mythiques	APOLLON	HERMÈS	DIONYSOS

La force de la démonstration durandienne est, entre autres, d'avoir montré qu'il n'existait pas d'autre constellation d'images symboliques : elles se ramènent toutes à un de ces trois schèmes, dans une sorte d'économie de moyens propre à la nature, ou, pour reprendre la formule de M. Gorki dans *La Mère*, de « monotonie sublime ».

Avec le temps, et des bases scientifiques (la réflexologie de l'école russe des années 1960) qui devenaient obsolètes, les théories de Durand risquaient de vaciller. Or les avancées des neurosciences sont venues pleinement les confirmer, et leur donner une seconde jeunesse en même temps que toute leur actualité.

La neuro-imagerie cérébrale a d'abord permis de constater que *voir* et *imaginer* activent les mêmes zones du cerveau. Ce sont les mêmes zones associatives du cortex cérébral qui traitent les aspects sémantiques de l'image, mais aussi l'image rétinienne. Pour le dire autrement, que mon chat soit devant moi, en chair et en os, c'est-à-dire dans la réalité extérieure, ou qu'il apparaisse dans ma mémoire comme un souvenir, dans les deux cas, pour mon cerveau, il n'y a aucune différence ! Il en va de même pour la perception auditive, et olfactive : c'est le triomphe de Proust, et de son « temps retrouvé » ; ses souvenirs de la madeleine, des chèvrefeuilles de Combray, de la sonate de Vinteuil, sont scientifiquement tout aussi « réels » que les épisodes et les objets qui les avaient suscités ! Traitée comme le réel par nos neurones, l'imagination a bien une réelle présence dans notre psyché. En particulier, on s'explique mieux que, dans toutes les sociétés, les mythes aient eu cette présence. Car il n'y a pas de société sans mythes. Ils ne sont pas d'aimables divertissements, ils disent le monde avec autant de force et de vérité que la parole scientifique. Ils ne sont pas en compétition avec elle, mais en complémentarité. Cette lecture plurielle des mystères du cosmos et de la psyché n'est pas de trop pour nous permettre d'en appréhender la complexité.

Il y a plus : les neurosciences nous ont montré l'existence de trois grandes instances organisatrices de l'activité cérébrale :

— l'hémisphère gauche, logique et rationnel (et longtemps considéré comme le seul vraiment intéressant : on pense à la parabole de Claudel citée *supra*...) ;

— l'hémisphère droit, siège de la mise en images et de l'approche intuitive, repérées en particulier par A. Damasio ;

— et, plus récemment, l'existence, à travers les « neurones-miroirs », d'une mise en réseau des deux hémisphères, démultipliant les facultés cognitives.

On s'aperçoit alors que l'une des mythologies les plus riches, la mythologie gréco-romaine, n'est pas, comme on pourrait le croire au premier abord, un foisonnement de récits très divers et sans rapports entre eux. Il existe un « système mythologique » qui introduit un ordre caché entre ces épisodes apparemment éclatés. Mieux : nous sommes typiquement dans une structure holiste, où chaque élément de la structure est en lui-même un résumé de toute la structure, et où tous sont mis en relation[4]. Les récits mythiques ont alors en commun d'être régis par trois grands schèmes, qui les relient aux trois tropismes de l'imaginaire :

— **monter** vers ce qui est plus grand que soi : ce sont les schèmes ascensionnels et le mouvement du héros vers son émergence ; c'est la projection vers toutes les formes du sublime ; c'est l'élan magnanime, celui de la grande âme ; c'est la poétique des cimes et des sommets ; c'est l'esthétique du sublime.

— **se fondre** dans ce qui est plus grand que soi : en même temps, la démarche héroïque tend vers un rêve de **fusion** : c'est l'immersion océanique de la psyché dans ce grand corps du monde.

— enfin, **relier et se relier** : rien de tout cela n'est possible si tous les éléments du récit, ne sont pas reliés : ce sont les schèmes de la relation et du réseau, les figures du tissage et de la complexité, dont les images majeures sont celles du Fils, de l'Initié et du Voyageur, tous ceux qui passent, qui font passer, et qui relient. La relation, la mise en réseau, est alors à la fois ce qui fait comprendre le monde, et ce qui rend le récit intelligible : elle est un principe primordial de l'organisation du vivant, que l'on retrouve à plusieurs niveaux.

On voit l'importance de ces découvertes : la structure des mythes est comme un reflet de celle du cerveau, et toutes deux reproduisent plus généralement l'organisation du vivant. Ces trois instances (monter, fusionner, relier) constituent la matrice du système du vivant, de celui de la psyché, et, par ailleurs, la base de la construction des mythes. Il y a donc une sorte de connaturalité entre les récits mythiques, la pensée qui les produit, et plus généralement, les structures du vivant dont cette pensée est issue. Ainsi, les mythes sont à l'image du monde qu'ils racontent, ils en sont le reflet. Dans chaque mythe, comme dans notre mémoire individuelle, il y a toute la mémoire du monde.

De même que chaque plante, chaque être vivant, tend à une croissance qui passe par une organisation biologique, chaque récit mythique met en scène, su-blime et dramatise ce schéma, en nous racontant les aventures de héros pris entre l'élan de sublimation qui les anime, et qui les pousse vers les sommets, le dépassement d'eux-mêmes, et d'autre part la hantise d'une chute qui les ferait retomber dans les abîmes de l'animalité d'où ils émergent. Car cette émergence ne peut se faire que dans le cadre d'une organisation, sous forme de réconciliation des con-

[4] Là-dessus, cf. J. Thomas, *Mythanalyse de la Rome antique*, Paris, Les Belles Lettres, 2015, p. 23.

traires, de mise en harmonie des forces antagonistes auxquelles se heurte le héros.

L'imaginaire gréco-romain (dont les mythes sont la matrice et le creuset) vérifie donc lui-même cette organisation tripartite. Il s'organise entre trois tropismes :

— une tendance vers le sublime (souvent méconnue), qui s'oriente elle-même en deux postulations :

* vers une ascèse héroïque, apollinienne, fondée sur une éthique et une esthétique de la séparation polarisée entre la montée et la chute, et tendant à une émergence ;

* et vers une approche plus fusionnelle (« être comme le dieu »), fondée sur une éthique et une esthétique de la fusion et du mélange, autour des rituels dionysiaques.

— et, pour nourrir et organiser ces deux postulations, une mise en ordre du monde qui privilégie les figures de la relation, de la transmission, de la maturation de la progression, de l'initiation, et passe par un équilibre et une harmonie (c'est le « miracle grec » dans son acception la plus répandue).

Monter, fusionner, relier : on aura reconnu les trois régimes de l'imaginaire durandien. Car une des caractéristiques de ce « chant profond » des mythes est d'être polysémique : ils parlent à travers plusieurs registres, et c'est ainsi qu'ils parviennent à se démultiplier.

C'est le *Traité du Sublime* du pseudo-Longin (daté du Ier s. ap. J.-C.) qui nous en parle le mieux. Il nous rappelle que l'imaginaire gréco-romain n'est pas seulement celui du *mèden agan*, du « rien de trop », de l'équilibre et de l'harmonie du « miracle grec ». Il existe aussi tout un courant de la pensée gréco-romaine qui conteste cette conception du juste milieu, de la juste mesure, au profit d'une eschatologie – et d'une esthétique – de la démesure, tendant à passer les limites et à se risquer à la transgression. Cette poétique de l'inspiration dionysiaque et de l'enthousiasme se distingue de la pensée hermésienne du *mèden agan*. Certes, les Grecs et les Romains se sont toujours méfiés de l'*hybris*, de la démesure, et de tout ce qui est excessif. Mais il ne faut pas pour autant sous-estimer cette aspiration « romantique » au sublime que l'on trouve par exemple chez un Tacite rêvant des forêts sauvages de la Germanie. Ainsi, pour Longin, on trouve regroupé autour de la notion de « grande âme » tout ce qui ressortit à l'élévation : celle des sentiments, celle de la pensée, l'éclat des images, la force de l'expression. C'est d'ailleurs à ce titre que la fréquentation du sublime évoque l'art de l'acrobate[5] : sur son fil, en équilibre instable, il est au plus haut, mais il côtoie l'abîme. Là où le *Traité du Sublime* a raison, c'est que sans l'aspiration au sublime, l'acrobate ne monterait pas sur le fil. Il resterait dans la plaine, à évoquer un bonheur tranquille, sans élévation ; ou il se battrait pour des biens et des richesses, comme ces hommes que surplombe le Lucrèce du *Suaue mari magno*... Les mythes ne nous parlent pas de ces hommes-là, ils nous parlent des héros, et du sublime.

Ou plus précisément, la pensée gréco-romaine va se développer entre les trois tropismes que nous évoquions, (« être comme un dieu », comme projection vers le sublime et les sommets ; « être comme un homme », pris dans une métamorphose ; « être comme une bête », en passant par l'animal pour être le dieu, dans un processus proche du chamanisme, dont on sait qu'il est un des arrière-plans de connaissant l'extase dionysiaque) en les associant dans un système complexe du monde où nous verrions volontiers la réalité du « miracle grec ».

Car, le plus souvent, nous tendons confusément vers le sublime, mais nous échouons à l'atteindre. C'est même le drame de la condition humaine, en prenant *drama* dans son double sens étymologique de « moteur de l'action » (de *draein*, « agir ») et d'« événement tragique » : « la proximité du sublime et du ridicule est la marque pathétique d'une fragilité propre à notre condition. »[6] D'où cette respiration qui est l'âme du théâtre grec : la complémentarité entre une inspiration qui, avec le théâtre tragique, nous élève vers le sublime (et l'irrespirable) ; et l'expiration, le relâchement qui, avec la comédie, nous ramène dans les terres humaines, nous fait rire de nos ridicules et nous permet de reprendre notre souffle. L'être humain a irrémédiablement un statut précaire, qui lui interdit de se tenir longtemps sur les cimes : c'est sa grandeur et sa faiblesse. Il porte en lui cette double postulation vers le haut et vers le bas, et il peine à l'assumer. Le paradoxe est pourtant que c'est précisément dans ce défi que réside la grandeur de l'homme. Le pseudo-Longin l'a bien compris, quand il la décrit comme « un grand masque tragique posé sur le visage d'un tout petit enfant » (XXX, 2). Le mythe gréco-romain ne refuse pas cette mise en perspective, et même il l'assume avec éclat : Héraklès est

---

[5] Cf. J. Thomas, « Deux figures de l'imaginaire gréco-romain : l'acrobate et le plongeur » in *Études sur l'imaginaire. Mélanges offerts à Claude-Gilbert Dubois* (G. Peylet dir.), Paris, L'Harmattan, 2001, p. 77-89.

[6] J. Darriulat, « Longin et la rhétorique du sublime », in *Introduction à la philosophie esthétique* (http://www.jdarriulat.net/Introductionphiloesth/Antiquite/Longin.html).

présenté comme un balourd et un rustaud, mais il est aussi capable de se dépasser de façon sublime.

Allons plus loin : sans son côté bestial et brutal, le héros des Travaux n'atteindrait pas au sublime. C'est ce que nous dit le mythe. Ces deux visages de l'homme sont reliés dans le récit mythique, ils sont en système. « Le risque de la défaillance est le tribut que l'homme doit payer pour accéder au sublime[7]. » Dionysos, Hermès et Apollon sont donc omniprésents dans les mythes. Il faut des règles pour canaliser l'enthousiasme, sans l'étouffer[8]. C'est le secret du sourire serein – et un peu crispé – de l'acrobate sur son fil : le naturel avec lequel il garde le sourire ne s'obtient qu'au prix d'une *askésis*, d'un long travail. Car à chaque instant, le danseur, l'acrobate peuvent tomber ; à chaque instant, le su-blime peut se perdre dans le ridicule. Cela nous prouve la nature fondamentalement sacrée du récit mythique. Car, selon R. Caillois[9], sacré et profane sont liés inextricablement en un équilibre précaire – celui de l'acrobate et du danseur : trop de profane tue le sacré en le « banalisant » ; et trop de sacré est insupportable au profane, de même qu'Ulysse ne pouvait pas manger la même nourriture que la déesse Calypso et était réduit à la « nourriture des hommes ».

C'est sans doute pour cela que le mythologue J. Rudhardt se demandait si, pour ces Grecs « à deux têtes », une tête apollinienne et une tête dionysiaque, ce n'était pas dans les périodes où se manifeste l'art le plus « classique », c'est-à-dire dans ces moments où les contraires coexistent harmonieusement (la société augustéenne, où vit Virgile ; et un peu plus tard, le règne de Tibère, où l'on situe la vie du pseudo-Longin), que l'on trouve l'expression la plus libre du mythe, qui pousse sa pointe obscure au point le plus central de la pensée claire[10].

Pour cette raison, nous dit le pseudo-Longin, à la fin de son traité, le su-blime ne peut se faire entendre que dans un espace de liberté : quand l'homme peut atteindre et exprimer sa pleine mesure. On objectera que la période augustéenne ne correspondait guère à cet idéal de liberté. Mais les Romains ne voyaient pas les choses comme nous. A priori, il y

---

[7] J. Darriulat, *ibid*.

[8] Cf. J. Thomas, « Passer la limite : le *duende*, une rencontre entre les mythes gréco-romains et notre imaginaire contemporain », *Latomus* 66, fasc. 3, Bruxelles, 2007, p. 718-726.

[9] R. Caillois, *Le Mythe et l'Homme*, Paris, Gallimard, 1938.

[10] Cf. J. Rudhardt, « Cohérence et incohérence de la structure mythique : sa fonction symbolique. » *Diogène*, 77, 1972, p. 19-47.

avait une contradiction dans la façon dont le personnage d'Auguste était perçu dans l'imaginaire de cette société : d'un côté, l'homme de la *clementia*, et le garant, le restaurateur de la tradition, du *mos maiorum* ; de l'autre, le despote pas toujours éclairé et le politique sans pitié qui laisse Antoine assassiner Cicéron. Or, dans cette société, il n'y a que la sublimation qui puisse résoudre la contradiction : en faisant d'Octave un nouvel Apollon, mais aussi en lui prêtant des traits de Dionysos, on reliait politique et mythe, histoire et légende, et ainsi, on trouvait une solution à la contradiction inhérente au pouvoir d'Auguste[11]. En particulier, ce sont la dimension dionysiaque du *Princeps* et, avec elle, l'irrationalité du leader charismatique, qui peuvent donner une cohérence à son personnage. Max Weber définissait déjà le charisme en opposition avec la rationalité. Auguste est un défi à la rationalité : en créant une forme de *sublime impérial*, la règle charismatique introduite par la mythification et la sublimation d'Auguste transcende la loi de non-contradiction.

Il est clair que, dans ce contexte, la poésie était mieux placée que la prose pour exprimer ce sublime impérial, et que seul le mythe pouvait donner sens à l'histoire. Comme le souligne G. Bataille, alors que la prose tend à assimiler, à rationaliser l'expression de l'impossible, en la transformant en signes, la poésie est dévolue à l'impossible, et rend possible son expression, ou plus précisément sa présence (et non pas son sens, qui, lui, reste inaccessible). On comprend mieux, alors, que le récit fondateur des Romains soit une épopée, un texte poétique : l'*Énéide* ; Virgile pouvait donner sa mesure en se référant à une dimension intemporelle du mythe. Dans le dialogue entre le poète et le prince, le poète a une autorité spécifique : celle du *uates*, du devin, de l'être privilégié qui est visité par l'enthousiasme divin. Il joue donc un rôle important dans le processus plus général d'apothéose du *Princeps* : il est le passeur entre le Mythe et l'Histoire.

En cela, Grecs et Romains reconnaissaient la sagesse du mythe, comme « système du monde » immémorial, restant la boussole la plus sûre en des temps historiques très troublés. Car, pour parler le langage de Dumézil, le domaine du faiseur de mythes, c'est la première fonction ; alors que le prince ne règne, dans un premier temps, que sur les deux autres fonctions ; il doit nécessairement acquérir une légitimité sur ce plan, en mettant en avant ses origines divines (César et Pompée se disaient descendants de Vénus), son ciel astral privilégié, ou les prodiges qui ont annoncé sa naissance. En quelque sorte, le *Princeps* ne conquiert totalement sa légitimité de personnage sacré, participant du divin, que s'il est reconnu et donc adoubé dans cette fonction, en particulier par le poète, qui est à la fois moins et plus que lui ; le prince « n'est au bout du

---

[11] Cf. Ph. Hardie (éd.), *Augustan Poetry and the Irrational*, Oxford University Press, 2016.

compte qu'un guerrier, et l'animateur d'une société et d'une économie ; mais il ne peut, à lui seul, régénérer le système et échapper à la lime du temps. Voilà la victoire du poète sur le prince. »[12] Le créateur d'épopée accède, lui, à un monde sublime où le temps et l'espace sont abolis, celui précisément des mythes, qui nous parlent par-delà le temps, et il peut aider le Prince à y entrer, en le mettant en relation avec le mythe et la légende des Origines, en commémorant le discours fondateur et en intronisant Octave comme second Romulus.

Un pas de plus, et nous touchons à la relation essentielle entre les mythes et la création, et donc à ce pouvoir qu'ont les mythes de participer puissamment à la construction de notre psyché, à ses initiations et à ses apprentissages. En lisant le *Traité du Sublime*, nous retrouvons ce que nous disions *supra* de la réelle présence de l'imaginaire, et des mythes, dans la mesure où ils associent les psychés individuelles par une « colle mythique »[13]. Le pseudo-Longin souligne (XV, 1 sq.) que, dans le style sublime, l'importance de la *phantasia*, de l'« apparition » de l'image, réside dans sa capacité de faire croire à la présence de la chose. C'est cela, la force de l'imaginaire. La *phantasia* rend présent ce qui est absent[14]. Les grands héros mythiques, Héraklès, Énée, créent les choses, les lieux, en les nommant. Cette force de l'éponymie touche au sacré, et retrouve une tradition religieuse : dans l'ancien Testament, le dieu des Juifs crée lui aussi le monde en le nommant ; et le nom de Dieu a lui-même une force active et une réalité dans son évocation. Il y a là une magie de l'évocation mimétique, dont on trouvera un reflet intéressant dans la dé-

---

[12] J. Thomas, préface à J.-Y. Maleuvre, *La mort de Virgile d'après Horace et Ovide*, Paris, Touzot éd., 1999, p. 5-6. Ramener l'*Énéide* ou les *Géorgiques* à un discours pro-augustéen, ou anti-augustéen est donc réducteur, car cela ne tient pas compte de la dimension charismatique du *Princeps*, qui le définit comme un personnage ambivalent, à l'image du dieu dont il est l'hypostase irrationnelle transcendant la loi de non-contradiction. En ceci, il n'y a pas à chercher à trancher : par nature, la poésie virgilienne est partiellement symbiotique avec le discours augustéen, et partiellement conflictuelle.

[13] L'expression est de Y. N. Harari, *Sapiens. Une brève histoire de l'humanité* (tr. fr.), Paris, Albin Michel, 2015. C'est cette « colle mythique » qui, pour une bonne part, a fait de nous les maîtres de la création. Mais on voit la limite et les dangers des croyances collectives : on peut croire n'importe quoi, dès l'instant où on est beaucoup à le croire. C'est au nom de ce type de convictions que des millions de personnes ont cru et croient en des dogmes religieux et idéologiques pour lesquels ils ont tué et se sont fait tuer.

[14] Il faut donc, comme le suggère J. Pigeaud dans son édition du *Traité du sublime*, (Paris, Payot, 1993, p. 28 sq. et p. 136 note 40), traduire le mot par « apparition », plutôt que par « représentation », pour souligner un registre objectif.

couverte des « neurones miroirs » qui sont indispensables à la construction de notre espace psychique, par la « sympathie » qu'ils établissent avec le monde ambiant : en nous identifiant à ce que nous voyons, pour une part, nous devenons cela. C.- G. Jung l'avait bien établi à travers son concept d'individuation, *Selbstwerdung*, où le Moi coïncide avec le Soi : il s'agit de permettre à chacun de se trouver au centre de lui-même (c'est l'*introrsum ascendere* des mystiques médiévaux, le *Tu es Cela* de la mystique hindoue), tout en sachant que le cosmos s'y trouve déjà.

Les mythes sont donc le fruit de deux besoins primordiaux de la psyché humaine :

— D'abord, une aspiration au *sublime*, qui fonde la dimension légendaire, et qui continue d'habiter nos imaginaires contemporains : il suffit de voir la ferveur collective provoquée par la sortie d'un nouvel épisode de la saga *Star Wars*... Dès la préhistoire, l'être humain s'efforce de dire le mystère du monde, derrière lequel il pressent une grandeur. Dans ce sens, le sublime, on l'a dit, se définit comme une aspiration fondée sur une polarisation entre un « bas » et un « haut », et une projection vers le haut. Toute une partie des récits mythiques s'attache à dire ce premier élan qui crée le monde : c'est la matière des légendes cosmogoniques, qui racontent la lutte sublime entre un chaos originel et un ordre se projetant, s'organisant à mesure que le cosmos (étymologiquement, l'« ordre ») se crée. C'est la matière des grandes cosmogonies, hésiodique et orphique, et ce sera l'objet de la première partie de ce travail.

— Ensuite, à mesure que la vie s'élabore et se complexifie, ces notions vont s'incarner dans la psyché humaine, sous une forme à la fois semblable et différente. La lutte cosmique entre le chaos et l'ordre trouve son reflet, dans l'âme humaine, entre le chaos des passions et une volonté de maîtriser ces passions, de les canaliser pour accéder à une humanité authentique, dépassant la bestialité originelle, tout en se nourrissant de son énergie. Il y a là tout un travail de métamorphose spirituelle, à proprement parler anagogique (comme émergence à partir d'un « bas » instinctuel vers un « haut » nourri de spiritualité et de valeurs éthiques et morales). On pourrait qualifier cet éveil psychique de *sublimation*, en prenant le mot non pas tellement dans le sens que lui donne Freud dans *Trois essais sur la théorie sexuelle*, puis dans sa seconde Topique (celui d'une charge valorisante qui dévie la pulsion), mais plutôt en revenant à son sens premier, celui que lui donnaient les alchimistes : la distillation des éléments volatils de l'œuvre, qui se condensent dans la partie supérieure du vase. Transposé dans le domaine psychique, l'objectif de la sublimation devient alors : comment parvenir à s'extraire de la banalité pour toucher au sublime ? C'est bien la visée du platonisme, mais aussi celle de la figure stoïcienne du *proficiens*, l'homme en marche entre l'aveuglement des ignorants et la lumière sublime qui éclaire le sage.

Prise dans ce sens, la sublimation est avant tout associée à l'idée du passage d'un état à un autre. Les aventures des grands héros mythiques nous racontent cette histoire de l'émergence de la psyché, et de sa métamorphose, avec ses échecs, ses victoires partielles, mais aussi ses réussites et ses assomptions. On peut même ainsi parcourir toute une galerie de portraits héroïques, évoquant les différents stades où se situent les héros dans leur évolution. Certains échouent, d'autres réussissent partiellement, d'autres enfin parviennent à réconcilier les forces antagonistes : ceux là, peu nombreux, ont réussi leur quête, et se sont mis en quelque sorte à l'unisson de l'harmonie cosmique. Ce sera la matière de notre deuxième partie.

Aspiration au sublime et sublimation spirituelle : ce sont donc les deux grands moteurs à l'œuvre dans les systèmes mythologiques. Un lecteur familier des structures anthropologiques de l'imaginaire aura reconnu les régimes de l'imaginaire durandien :

— la polarisation entre des opposés, qui arme le système cosmique relève du régime diurne, « héroïque », lumineux et apollinien, de l'imaginaire ;

— le recours à la transgression, la recherche des limites, qui anime les héros, est caractéristique du régime nocturne « mystique » fusionnel et dionysiaque ;

— enfin, le processus de sublimation et de métamorphose spirituelle, objet de la deuxième partie de ce travail, relève d'une dimension proprement *initiatique et alchimique*[15], caractéristique de régime nocturne synthétique, dont l'objet est justement de relier les contraires, et de dépasser les antagonismes dans une complémentarité, pour construire l'espace de l'individuation héroïque.

Il nous restera alors à montrer, dans un troisième développement, comment on ne saurait dissocier sublime et sublimation ; comment l'élan vital et l'exigence sublime d'absolu sont aussi vitaux que le travail de sublimation alchimique et de transformation spirituelle. Les mythes ne dis-

---

[15] Même si l'alchimie en tant que telle n'apparaît qu'au Ier s. ap. J.-C. avec Bolos de Mendès (IIe s. ap. J.-C.) et Zosime de Panopolis (IVe s. ap. J.-C.). Mais un imaginaire relevant de l'alchimie peut préexister à l'alchimie en tant que discipline constituée, dans une théorie plus pérenne des structures anthropologiques de l'imaginaire, faisant la part belle, en particulier, à la complémentarité des contraires. On en relèverait de nombreux exemples dans l'œuvre de Virgile, ce visionnaire. Cf. J. Thomas, *Structures de l'imaginaire dans l'Énéide*, Paris, Les Belles Lettres, 1981, p. 279-280.

joignent jamais les deux processus ; car l'élan anagogique est nécessaire à la poursuite de la quête ; mais il ne saurait se concevoir sans l'effort parallèle de réconciliation des contraires. Nous retrouvons la notion de conflit générateur, et de « logique d'antagonismes », comme clef essentielle de la compréhension des systèmes du vivant, telle que la définit le physicien Stéphane Lupasco[16] :

— toute structure provient du conflit de deux attracteurs antagonistes,

— mais en même temps, ce conflit tend à son propre dépassement.

Cela revient à une forme d'oxymore[17] : un monde ne peut advenir que par la séparation, et ne peut exister que dans la relation entre ce qui est séparé.

C'est même la condition de toute création : celle d'un espace géographique maîtrisé (c'est l'appropriation d'un territoire par le héros), et celle, parallèle, de la création d'un espace intérieur organisé (c'est le travail d'individuation) : dans le mythe, la création du monde passe par la création de soi. En ceci, le mythe apparaît bien comme une des formes les plus pures de récit initiatique. Cela ne veut pas dire pour autant qu'il soit donné *ne varietur*, comme un discours de commémoration. Au contraire, sa plasticité lui permet de se couler dans le moule des sociétés où il s'incarne, afin d'adapter son discours, pour qu'il ne perde pas son efficacité. On observe même alors une boucle auto-productive : les sociétés créent les mythes, qui créent les sociétés et les soutiennent.

Le récit mythique touche donc en même temps à la pérennité et à la plasticité : c'est toute sa force. Il nous dit à la fois que nous sommes éternels et que nous sommes mutables, fragiles, menacés, et que donc il faut toujours se battre pour reconquérir le sommet. Dès les origines de l'émergence de la pensée, l'homme construit des récits mythiques qui ne dépendent exclusivement ni d'une pensée religieuse ni d'une pensée rationnelle. Ils racontent le monde à leur manière, sans souci de convaincre ou de polémiquer. Et de ces récits se dégage une force de mimétisme, pour celui qui les écoute. D'où la place importante qu'ils occupaient dans l'enseignement élémentaire en Grèce. Il faut se laisser aller devant cette lanterne magique, cette boîte à images, cette évocation de récits fantastiques et merveilleux. La magie, c'est que, sans effort, ils imprègnent notre psyché en profondeur, et y laissent une marque indélébile, alors que

---

16 Cf. S. Lupasco, *Le Principe de l'antagonisme et la logique de l'énergie*, Paris, Hermann, 1951.

17 Dont on sait qu'il est une des formes les plus puissantes des processus créateurs, en poésie.

leur écoute a été particulièrement ludique : il s'opère un mimétisme involontaire entre l'auditeur et le récit. C'est pour cela que les enfants comprennent et aiment les mythes, et les contes, et que ceux-ci les aident naturellement à construire leur psyché.

Les mythes constituent alors une approche spécifique de la *paideia* : très tôt, ils ont été perçus comme un facteur d'équilibre, d'apprentissage et d'initiation dans la construction de la psyché. En ceci, ils ont totalement échappé au fanatisme accompagnant les croyances religieuses, au moins sous leurs formes les moins évoluées. Il semble sur ce plan que discours mythique et discours religieux aient des vocations bien différentes. Le mythe n'impose rien ; à la limite, il n'enseigne rien ; il donne à voir ; il met son lecteur ou son auditeur dans une position de mimétisme et d'empathie, qui lui permettent d'être lui-même le héros. C'est pour cela que les mythes nous fascinent, nous charment, nous captivent, nous intéressent ou nous effraient : ils nous parlent comme s'ils étaient écrits pour nous.

Ainsi, dans un monde largement régi par la violence, les mythes ont très tôt tenu un discours complexe. Sans imposer ou juger, ils montrent les différentes voies, les chemins de l'aventure humaine, dans leurs réussites et leurs limites. Or cette pensée mythique s'est construite dans un monde qui n'avait, en théorie, pas les moyens de la promouvoir : comme nous le disions, sans supports rationnels forts, dans une société préscientifique, il était difficile, voire impossible, d'échapper à l'arbitraire des croyances, qui certes fédéraient, mais aussi se nourrissaient des conflits. Il faut reconnaître que, face à la violence et l'intolérance, les mythes sont un contrepoint : le premier discours de sagesse, de méditation et de réflexion dépassionnée sur les comportements humains (même si les mythes sont eux-mêmes traversés par les passions, la violence et la fureur). Tout se passe comme si l'homme des sociétés archaïques avait admis plusieurs discours complémentaires, pour expliquer la complexité du monde :

— un discours dogmatique de foi, qui dit le monde, et la place de l'homme dans le monde, sous forme d'une commémoration *ne varietur*, et qui tend à imposer un groupe, dans un processus de survie ;

— un discours scientifique naissant, qui donne des causes rationnelles au monde ; il s'accompagne, comme chez Lucrèce ou les Épicuriens, d'un discours moral remettant en question les croyances religieuses ;

— mais aussi, en parallèle, un discours mythique, de tolérance et d'ouverture, qui, lui aussi, dit le monde et l'explique à sa manière, en proposant une troisième voie : ni religieuse, ni scientifique, mais plutôt fondée sur une observation perspicace et anticipatrice des énergies qui animent le cosmos et le vivant. Elle ne se pose pas en concurrente des deux autres La sagesse des sociétés premières, et de leurs conteurs de mythes, est bien d'avoir compris que, loin d'être en compétition, ou en hiérarchie, ces différents savoirs étaient en synergie : Pythagore était à la fois un sage, un savant, un initié et un croyant.

Finalement, le langage des récits mythiques utilise une sorte de grammaire universelle, car il se situe dans une relation mimétique, en miroir, entre les fonctions cérébrales, leurs productions (l'imaginaire, la pensée), et l'un des fruits de ces productions : le système mythologique. Il y a une forme de connaturalité entre ces trois instances, biologique, psychique et symbolique, qui relèvent toutes les trois de la « monotonie sublime » qu'on observe dans la Nature. Ce sera l'objet de la troisième partie de cet essai, comme une systématisation et un prolongement des résultats que nous avons établis dans les deux premières.

PREMIÈRE PARTIE

L'organisation du cosmos, dans une polarisation entre l'Ordre et le Désordre

LA COSMOGONIE ET LA THÉOGONIE

« La tradition n'est pas le retour à un passé désuet,
mais la permanence des origines dans la durée. »

(Frédérick Tristan)

« Dans tout chaos est un cosmos,
et dans tout désordre un ordre secret. »

(C. G. Jung, *Les Racines de la conscience*, Paris,
Buchet-Chastel, 1971, p. 48)

Les cosmogonies et les théogonies posent les problèmes cruciaux auxquels est confrontée la pensée grecque, et qui sont d'abord une interrogation sur les origines du monde : comment se crée-t-il en s'organisant à partir d'un chaos originel ? Quel mystère régit les liens entre l'être et le néant ? Quels sont les rapports entre l'ordre et le désordre ? Ces grands questionnements parcourent l'histoire de la pensée humaine. Bien avant que nos scientifiques contemporains ne nous parlent du *Big Bang*, la mythologie grecque propose, en parallèle avec la science de son temps, une réponse particulièrement originale : la cosmogonie et la théogonie (étroitement liées, dans ce système du sacré) sont la première étape, celle qui arme le système cosmique et permet son organisation. L'ordre émerge du chaos, comme un danseur sur la piste. Cette vision du monde est cohérente avec la suite de l'aventure : l'organisation d'une psyché humaine, dans laquelle nous retrouverons à l'œuvre ces principes d'ordre et de désordre, entre barbarie et civilisation.

Le Chaos originel

À l'origine, dans toutes les traditions gréco-romaines, il y a le chaos. Pour les Grecs, ce mot n'est pas symbole de « désordre », ou d'« anarchie » ; il désigne cet état inexplicable (donc au-delà du raisonnement rationnel et de la logique) que l'esprit humain rencontre quand il cherche à expliquer l'origine du monde. Le mot *chaos*, l'Abîme, évoque la notion de vide, de profondeur béante. De même, le début de la Genèse nous parle de *la* Ténèbre, *Choshek*, qui est un état antérieur, plus primordial que *les* ténèbres qui suivront, et qui supposent, elles, une nuit s'opposant au jour : « il y avait la Ténèbre (*Choshek*) à la surface de l'abîme, et l'esprit de Dieu se mouvait au-dessus des eaux ».

Ensuite, les choses se compliquent, avec beaucoup de variations selon les traditions. Les branches essentielles de cette tradition sont hésiodiques[1], ou orphiques[2].

La théogonie hésiodique

Sources : Hésiode, *Théogonie – Les Travaux et les Jours*

Elle est assez complexe. Sont évoqués simultanément Chaos, puis la Terre, et Éros. Ils semblent apparaître par une sorte de génération spontanée, ils ne sont pas issus de la volonté d'un créateur, comme dans la Bible. Chaos enfante Érèbe, et Nyx, la Nuit. Érèbe est la forme masculine de Nyx, son frère ou son époux. À eux deux, ils donnent naissance à Éther et Héméra, le Jour. Quant à la Terre, elle enfante le Ciel, qui la recouvre entièrement. Puis les choses se compliquent, parce qu'il semble qu'Hésiode ait souhaité intégrer dans son poème des allusions à des traditions populaires : toute une série de Néréides, de Titans, de Géants, et aussi les Cyclopes et bien d'autres êtres monstrueux. Heureusement, ces mythes originels ont été relus par les philosophes et les poètes (Platon, Virgile, Ovide), qui nous les ont rendus plus accessibles.

Dans les *Géorgiques*, Virgile se souvient de ces embrassements hésiodiques de la Terre et du Ciel, d'où naît le monde, dans une pluie fécondante :

> « Alors le Père tout-puissant, l'Éther descend en pluies fécondantes dans le sein de son épouse prolifique et, uni dans une puissante étreinte à son corps puissant, vivifie tous les embryons. » (II, 325-327 ; trad. É. de Saint Denis)

Mais c'est sans doute Ovide qui nous propose la version la plus explicite, sans doute inspirée de la tradition platonicienne, au début du livre I des *Métamorphoses* :

---

1 On les trouve dans la *Théogonie* et *Les Travaux et les Jours* d'Hésiode, remontant au VIIIe s. av. J.-C.

2 L'orphisme est un courant mystique du VIe s. avant J.-C. et dont les origines sont peut-être thraces, donc chamaniques. Il s'organise comme un rituel de mystères, lié à une initiation, autour du personnage d'Orphée. Le mythe central de l'orphisme est celui de la mise à mort de Dionysos par les Titans. Cf. J. Thomas, *L'Imaginaire de l'Homme romain. Dualité et complexité*, Bruxelles, Latomus, 2006, p. 164-179.

« Avant la mer, la terre et le ciel qui couvre tout, la nature, dans l'univers entier, offrait un seul et même aspect ; on l'a appelé le chaos ; ce n'était qu'une masse informe et confuse, un bloc inerte, un entassement d'éléments mal unis et discordants. [...] Un dieu, avec l'aide de la nature en progrès, mit fin à cette lutte ; il sépara du ciel la terre, de la terre les eaux et il assigna un domaine au ciel limpide, un autre à l'air épais[3] Après avoir débrouillé ces éléments et les avoir tirés de la masse ténébreuse, en attribuant à chacun une place distincte, il les unit par les liens de la concorde et de la paix. » (I, 5-7 ; 21-25, trad. G. Lafaye)

Quel est ce dieu dont parle Ovide ? Il ne le dit pas. Mais c'est un dieu tisserand, ou potier, assez comparable à celui de Platon (cf. *Timée* 27 d sq.). Le monde est conçu comme une harmonie qui se met en place.

La théogonie orphique

Sources : *Fragments orphiques*, in *Orphée. Poèmes magiques et cosmologiques*, trad. Luc Brisson, Paris, Les Belles Lettres, 1993.

La base de la théogonie orphique nous est donnée par Musée, le disciple d'Orphée : « Tout est sorti de l'Un, et tout y retourne. » (Diogène Laërce, *Discours et Sentences des philosophes illustres*, 3) ; le processus est un passage de l'Un au Multiple, puis un retour à l'Un. De Kronos (l'équivalent de l'Aiôn grec, du Zervan perse, dieux de l'Éternité) naissent l'Éther et le Chaos (l'Érèbe, la Ténèbre). Kronos crée un œuf cosmogonique dans l'Éther, et il en sort le premier dieu (le principe de manifestation) : *Protogonos*, appelé aussi Phanès, ou Métis, ou Éros, ou encore parfois Dionysos. Le terme de *protogonos* (comme celui de la *Fortuna Primigenia* des Romains) est ambigu : il signifie à la fois « premier né » et « premier à donner la vie ». Protogonos a deux enfants avec l'Érèbe, la Nuit-Ténèbre : Gaia et Ouranos, la Terre et le Ciel.

Dans tous les cas, les lignes de forces sont les mêmes. Comme dans la Bible, le premier stade de l'incarnation passe par la différenciation en deux principes ; ou plus précisément, chaque principe engendre son double de l'autre sexe ; ainsi, il se crée un dynamisme organisateur, autour de cette complémentarité des contraires. Un lien relie les deux

---

3 C'est la distinction, commune dans l'Antiquité, entre l'Éther supérieur et l'air, les couches plus basses de l'atmosphère.

principes originels ; et c'est dans ce lien qu'est l'essence du vivant, autant que dans les principes.

Tradition hésiodique et tradition orphique se retrouvent ensuite, à quelques variantes près.

La tradition hésiodique : du désordre à l'ordre

De Kronos à Zeus

Dans la tradition hésiodique, il est à remarquer que l'union-combat initiale entre Gaia et Ouranos n'engendre que des manifestations élémentaires de vie. Gaia se soumet involontairement au principe formateur, Ouranos, dont elle subit la violence. Donc Ouranos et Gaia n'engendrent que des êtres monstrueux (dont les Titans et les Cyclopes), symbolisant les forces primordiales, mais sauvages, de la Nature émergente, et figurant la première étape de la gestation évolutive : les cataclysmes précédant la vie organisée.

La dualité conflictuelle entre Ouranos et Gaia pousse Gaia à libérer ses fils, les Titans, qui avaient été enfermés dans le Tartare, car ils étaient trop dévastateurs. À leur tête, Kronos détrône son père Ouranos (c'est le seul des Titans qui accepte de tuer son père), et il le tue en tranchant ses testicules. Il les jette dans la mer, au large de la Sicile (d'où la réputation de richesse de cette île, fécondée par le sexe et la semence primordiaux). C'est de cette écume à la fois sanglante et fécondante que serait née Aphrodite. Le sens de cette mort symbolique d'Ouranos, c'est qu'il a fini son travail, consistant à projeter son plan créateur dans la matrice du monde.

Kronos épouse Rhéa (« celle qui coule », évocatrice d'une source féconde de vie), et renferme prudemment les Titans dans le Tartare (symboliquement, on passe à une phase plus organisée, moins convulsive, de la mise en place du vivant). Rhéa, une Titanide, représente la fécondité dans toute sa joie, le grouillement de la vie et le déchaînement des forces vitales, dans un monde neuf qui émerge. Ce n'est plus la Terre-Monstre (Gaia), mais la Terre-Mère. On peut l'identifier à la Vénus du premier livre du *De rerum natura* de Lucrèce :

> « Mère des Énéades, plaisir des hommes et des dieux, Vénus nourricière, toi par qui sous les signes errants du ciel, la mer porteuse de vaisseaux,

les terres fertiles en moissons se peuplent de créatures, puisque c'est à toi que toute espèce vivante doit d'être conçue et de voir, une fois sortie des ténèbres, la lumière du soleil, devant toi, ô déesse, à ton approche s'enfuient les vents, se dissipent les nuages ; sous tes pas la terre industrieuse parsème les plus douces fleurs, les plaines des mers te sourient, et le ciel apaisé resplendit tout inondé de lumière. » (I, 1-9, trad. A. Ernout)

Elle sera fêtée plus tard par les danses extatiques des Corybantes, symbolisant la succession des rythmes de la Création qui commence.

C'est à partir de ce moment que le Temps apparaît, dans sa dimension d'écoulement diachronique, et que le Kronos originel évolue en un Chronos symbolisant le dieu-Temps. Ce temps n'est encore que successivité, il est aveugle, de même que la vie ne se comprend pas encore elle-même. D'où l'épisode symbolique où Kronos/Chronos dévore ses enfants (il est vrai qu'il avait une raison pour le faire : son père Ouranos lui avait prédit qu'il serait détrôné par un de ses fils).

Reprenant alors la tradition de la révolte des Mères contre les Pères, Rhéa, qui ne supporte plus cette consommation de sa progéniture, se rebelle contre Kronos : c'est toujours le principe féminin, Gaia, puis Rhéa, qui est le moteur, qui fait démarrer l'évolution. Pour tromper Kronos (qui, on l'a dit, agit aveuglément), elle met une pierre à la place du petit Zeus en passe d'être dévoré. Kronos se laisse tromper, car le temps insatiable avale tout indistinctement. À l'époque classique, sur le site de Delphes, on montrait encore la pierre substituée, après qu'elle avait été rejetée par Zeus. Était-ce une météorite ? Elle passait pour faire pleuvoir.

Zeus, élevé en cachette (comme Moïse, Œdipe et Romulus), revient, avec l'aide de Rhéa, et contraint Kronos à restituer les enfants disparus. Kronos vomit d'abord la pierre, puis les frères et sœurs de Zeus : Poséidon, Hadès, Hestia, Déméter et Héra.

Dès lors commence une nouvelle étape : le règne de Zeus, petit-fils d'Ouranos, figure l'apparition d'Ouranos au niveau de la vie consciente. La force principielle se complexifie en principe harmonisateur. Comme le disait Héraclite, la discorde initiale conduit à la victoire de l'esprit intelligent et organisé. Mais Zeus est toujours le petit-fils d'Ouranos, qui vit quelque part en lui : la vie humaine reste soumise à la Discorde, mais aussi à la vocation évolutive. Ordre et désordre sont indissociablement liés à la vie. C'est d'ailleurs ce que nous ont appris ensuite toutes les découvertes de la biologie, de la physique quantique et de l'astrophysique.

Ce nouvel état est symbolisé par la guerre que Zeus va mener pendant dix ans contre les Titans, qui avaient réussi à sortir du Tartare souterrain. La psychanalyse y verra plus tard le symbole de la lutte des valeurs émergentes contre la régression vers l'inconscient. Zeus se fait aider par les Cyclopes, les « bons » Titans. On voit l'idée symbolique : les forces instinctives peuvent être canalisées, transmutées, et œuvrer positivement au service de l'esprit humain émergent. Ce sont les Cyclopes qui donnent la foudre à Zeus, et le rendent vainqueur.

Les Cyclopes et Héphaïstos

Les Cyclopes représentent la confrérie des Forgerons, dans sa dimension initiatique : comme les poètes, comme les devins dans les sociétés traditionnelles, ils ont la possibilité d'agir sur la matière et de la transformer. C'est pour marquer cette puissance qu'ils ont l'« œil cerclé », *kyklops* (c'est l'étymologie de leur nom), le « troisième œil », qu'on tatouait sur le front des forgerons. Ils fabriquèrent, entre autres, de nombreux robots et automates, qui n'étaient pas mauvais en eux-mêmes, mais qui furent bénéfiques ou maléfiques en fonction de ce que les hommes en firent.

Ils seront ensuite commandés par Héphaïstos, le dieu-Alchimiste, celui qui est capable de transmuter la matière. Comme dans les principes de l'alchimie, cette métamorphose matérielle n'est que le symbole d'une autre transmutation, d'un ordre plus élevé : celle de l'esprit, qui passe du pulsionnel au spirituel. De même, les Cyclopes, de mauvais qu'ils étaient originellement (puisqu'ils étaient des Titans), sont devenus bons et créateurs. Il n'y a pas de fatalité, le monde est sous le signe de l'ascèse et de l'évolution. De surcroît, eux aussi sont des alchimistes, des tisserands de la matière. C'est ce que Virgile a exprimé avec poésie au VIIIe livre de l'*Énéide*, dans l'épisode où ils fabriquent les foudres de Zeus :

> « Façonné entre leurs mains, ayant déjà reçu en partie son poli, se trouvait un de ces foudres comme le Père des dieux, de tous les points du ciel, en envoie tant sur la terre ; l'autre partie restait à faire. Ils y avaient adapté trois dards de grêle, trois de nuées d'orage, trois de feu rutilant, trois de véloce vent du sud. À présent, ils mêlaient à leur ouvrage les éclairs terrifiants, le bruit, la peur, la colère des flammes qui se propagent. » (VIII, 424-432, trad. P. Veyne)

Héphaïstos est boiteux. Il avait de bonnes raisons pour cela, puisqu'il avait été jeté deux fois du haut de l'Olympe : une fois par son père Zeus, et une fois par sa mère Héra. Voici une enfance difficile. Mais derrière l'anecdote, on se souviendra que, dans les mythes, la boiterie, et de façon générale l'infirmité, sont un signe d'initiation avancée : comme le Thor scandinave, comme Jacob après son combat avec l'Ange, il boite parce qu'il doit avoir un pied au ciel et l'autre sur la terre.

Typhon

Sources : Ovide, *Métamorphoses*, V 321 sq.

Mais l'être humain est toujours menacé par la chute, et le retour vers l'animalité. C'est le sens de l'épisode de Typhon, ce serpent-dragon envoyé dans l'Olympe par la Terre-Mère pour se venger de l'extermination de ses fils les Titans par Zeus. L'épisode est loin d'être glorieux pour les Olympiens : devant Typhon, tous les dieux s'enfuient et se cachent. Seul Zeus, poussé par Athéna, tente tant bien que mal de résister, mais il est blessé et emprisonné par Typhon dans une caverne. Pour être sûr qu'il ne s'évadera pas, Typhon lui ôte les tendons du pied (à la différence d'Héphaïstos, Zeus est provisoirement boiteux, et cet état transcrit son infériorité momentanée)[4]. Cadmos, le frère d'Europe, qui avait été enrôlé par Zeus dans la guerre contre Typhon, intervient alors. Par ruse, il charme Typhon avec la musique de sa lyre, et profite de la situation pour prétendre avoir besoin de cordes pour son instrument de musique. Typhon lui propose les tendons de Zeus... que Cadmos s'empresse de rendre à leur légitime propriétaire. Zeus reprend le combat, et vient à bout de Typhon. En récompense, Zeus accorde à Cadmos la main de la nymphe Harmonie, et ce furent les Noces de Cadmos et Harmonie, où pour la dernière fois, hommes et dieux mangèrent à la même table[5]. Par la suite, Cadmos devint le roi de Thèbes, et la légende nous dit qu'il apporta aux hommes l'art de forger les métaux, et l'écriture[6]. Donc Cadmos est un civilisateur, au même titre que Prométhée. Mais c'est un homme, un simple mortel, qui mérite, par sa *métis* (son intelligence « rusée » et adaptatrice) et son courage héroïque, de manger à la table des dieux. Il établit en même temps un pont entre les dieux et les hommes : il sauve Zeus lui-même d'une mort assurée, et il sort les hommes de l'ignorance et de la sauvagerie. Il crée bien un parcours médiateur et civilisateur et, en tant qu'homme, se hausse vers les dieux, en évitant l'*hybris*. C'était encore l'Âge d'Or, mais ce fut la dernière fois (avec aussi les noces de Thétis et Pélée) que les hommes et les dieux mangèrent à la même table. Nous retiendrons que c'est ce même Cadmos qui donne l'alphabet aux hommes, qui aide les dieux, et qui est aimé et récompensé par eux. Quant aux enfants de Typhon (la Chimère, la Sphinx, Méduse,

---

4 Dans le *Soulier de Satin*, P. Claudel, fait de la boiterie de Prouhèse un rempart contre le mal : « Mais quand j'essaierai de m'élancer vers le mal, que ce soit avec un pied boiteux ! » (Première journée, scène V).

5 Cf. R. Calasso, *Les Noces de Cadmos et Harmonie*, Paris, Gallimard « Folio », 1995.

6 Cf. F. Monneyron et J. Thomas, *Mythes et littérature*, Paris, P.U.F., *Que sais-je ?*, 2002 (2e éd. 2012), p. 9-11.

Scylla...), ils continueront d'assaillir les mêmes hommes, avec le même symbolisme : le danger de la régression, de la chute et du retour vers l'animalité.

Prométhée

Sources : Hésiode, *Théogonie*, 508 sq. ; *Les Travaux et les Jours*, 50 sq. – Eschyle, *Prométhée enchaîné* – Ovide, *Métamorphoses*, I 82 sq.

Iconographie : *Prométhée enchaîné* (Titien, et Rubens)

Le mythe de Prométhée prolonge et amplifie le récit de la lutte entre Zeus et les Titans, entre l'ordre et le désordre. Prométhée est un Titan, frère d'Atlas ; mais c'est un descendant tardif des Titans. Donc il représente une forme de révolte plus complexe, moins brutale et sauvage : non plus l'insurrection de la Terre-Mère, mais celle du désir potentiellement pervers, en l'occurrence le désir d'aider les hommes, d'en faire les égaux des dieux. Pour y parvenir, il ne manque pas d'ingéniosité. D'où son nom, *Prometheus*, « la pensée prévoyante ». C'est lui qui aurait donné naissance aux premiers hommes, en les façonnant dans la terre glaise. Mais pour les animer, Prométhée ne dispose pas de la lumière de l'Olympe, seulement du feu qu'il a volé au char du Soleil. On voit le symbole : l'homme prométhéen ne sera pas un être spirituel, mais seulement une sorte de golem.

Le sacrifice prométhéen

Cette contrefaçon trouve un écho dans la façon dont Prométhée essaie de duper Zeus, dans sa présentation du sacrifice prométhéen. Lors de ce sacrifice, qui doit réunir les hommes et les dieux, tous ensemble, mais chacun à sa place, Prométhée, toujours soucieux de favoriser et promouvoir la race des hommes, imagine de tromper Zeus, en proposant deux sortes d'aliments rituels : l'une est composée des os, nourriture immangeable, mais placée sous une belle peau croustillante et appétissante ; l'autre est faite de toutes les bonnes viandes, mais cachées sous les viscères puants. Il dit à Zeus : « Choisis ». Or il devrait savoir que, depuis que Zeus a avalé (une habitude dans la famille...) son épouse Métis, la Clairvoyante, aucune ruse ne peut lui échapper ; il est devenu lui-même *métis*, la ruse incarnée. Pourtant, il feint de se laisser tromper, et choisi les os et la peau. C'est depuis ce temps que les hommes, condamnés à manger de la viande pour se nourrir, mais aussi à intégrer les sacrifices carnés dans leurs rituels religieux, sont assujettis à leur ventre et à leur besoin de chair, alors que les dieux se nourrissent des fumées du sacrifice. En voulant aider ces hommes qu'il aimait tant, Prométhée a fait leur malheur, il les a rejetés dans l'animalité. C'était du moins l'opinion des Orphiques.

Le châtiment de Prométhée

Pour avoir transgressé la volonté de Zeus, et donné le feu aux hommes, Prométhée est puni. Son châtiment sera d'être ancré dans cette matière qui l'a fasciné et lui a fait oublier l'esprit : Zeus l'enchaîne à un rocher sur le mont Caucase, pendant qu'un vautour lui mange le foie (dont les Anciens croyaient qu'il était en relation avec la Terre ; d'où la science des haruspices étrusques, qui s'appuyait sur cette « prise de terre » en examinant le foie des animaux). C'est Héraklès, créature de Prométhée, mais qui, lui, a réussi son ascèse et ses Travaux, qui le libérera. Prométhée, reconnaissant, lui indique alors le lieu de son dernier Travail : le Jardin des Hespérides, sur le mont Atlas.

Ainsi, la condition humaine va bénéficier d'un double courant d'énergies : une montée du demi-dieu vers le Titan déchu ; et une descente de l'esprit vers la condition humaine, par l'intermédiaire du Titan. Au terme de cette réconciliation, Héraklès est bien le héros sauveur qui met fin à une triple faute initiale : la sienne, qu'il expiait par les Travaux (nous y reviendrons) ; celle de Prométhée ; et celle de l'humanité, cette forme païenne du péché originel, qui a permis aux chercheurs de rapprocher le personnage christique et Héraklès[7].

Une autre tradition proposait une rédemption de Prométhée assez différente. Son frère Épiméthée, l'« Imprévoyant », est celui qui avait ouvert la boîte de Pandore, contre l'avis de Prométhée ; on sait ce qui s'ensuivit : tous les maux du genre humain, que Prométhée avait eu le plus grand mal à y enfermer, sortirent ; et il ne resta au fond de la boîte que l'Espérance. Or, et justement parce qu'Épiméthée est tiré vers la matière et l'animalité, la légende le confond souvent avec le Centaure Chiron, cet être à moitié humain et à moitié animal. D'un côté, Chiron est un être de sagesse : médecin renommé, il est le précepteur d'Achille, de Jason, d'Actéon, d'Asklépios ; mais sa part animale est toujours là. En principe, Chiron-Épiméthée était immortel ; mais, touché au pied (encore...) par une flèche d'Héraklès (dont l'arc était réputé infliger des blessures inguérissables)[8], il souffre horriblement, et finit par implorer

---

[7] Cf. M. Simon, *Hercule et le christianisme*, Paris, Les Belles Lettres, 1955.

[8] Cet épisode est à rapprocher de la légende de Philoctète, un des guerriers grecs qui participent au siège de Troie. Héritier de l'arc et des flèches d'Héraklès, il se fait piquer au talon (toujours le talon, comme pour Achille, ou

Zeus de lui reprendre son immortalité pour que la mort le délivre de la souffrance : sa vie sans fin n'est plus qu'une calamité. Il offre cette immortalité à son frère Prométhée. Zeus accepte ; le Titan revenu de sa révolte s'apprête à rejoindre les Immortels, tandis que meurt le Centaure : il faut que la matière meure pour que l'esprit grandisse. On pense à saint Jean : « Il faut qu'il [le Christ] grandisse et que je diminue » (*Jean*, 3, 30).

Le Déluge

Là encore, les parallèles avec la tradition judéo-chrétienne sont intéressants. Dans les deux récits, le mythe grec et la Genèse, la Chute (le rapt du feu ; la cueillette de la pomme) est suivie par le même châtiment purificateur, qui touche tous les descendants de Prométhée et tous les fils d'Adam : le déluge, à la fois purificateur et fécondant.

Atlas, frère de Prométhée, régnait sur l'Atlantide qui, en une nuit, fut engloutie par un déluge provoqué par Zeus, pour punir ce peuple, autrefois bon, de sa cupidité et de sa méchanceté. Seuls se sauvèrent ceux qui s'abritèrent dans l'Arche[9] : Noé, dans la Bible, et Deucalion, dans le mythe grec. Deucalion, un des fils de Prométhée, est un Juste ; c'est pour

---

pour Zeus...) par un serpent, lors d'une escale sur l'île de Ténédos. La blessure s'infecte, pourrit, la douleur est terrible, et le malheureux pousse de tels cris, sent tellement mauvais, que ses compagnons peu charitables l'abandonnent sur place. Il y restera dix ans, se nourrissant grâce à l'arc magique d'Héraklès. Mais les Grecs ont besoin de l'arc d'Héraklès pour prendre Troie. On envoie une délégation, avec à sa tête Ulysse, l'homme de la *métis*, et Néoptolème, pour le persuader de revenir. D'abord rancunier (on le serait à moins), il finit par accepter, et il est soigné par Asklépios. C'est Apollon qui, l'endormant, sera sans doute à l'origine de la première opération sous anesthésie générale... Philoctète guérit, il combat sous les murailles de Troie, et fait même partie des Grecs qui rentreront chez eux. Quant à sa blessure, il est clair que, comme celle du Roi « méhaigné » de la Queste du Graal, elle symbolise elle aussi une forme de péché originel : le côté faillible et obscur de la condition humaine, qui « empoisonne » l'évolution spirituelle.

[9] L'arche de Deucalion est en bois d'acacia, imputrescible, et donc symbole d'immortalité, comme celle de Xisuthros, le héros du Déluge sumérien, ou celle d'Osiris. L'arche de Noé est dans une sorte de bois de cyprès. Mais le cyprès, arbre à feuilles persistantes, est lui aussi associé à l'immortalité : d'où sa présence dans les cimetières. L'Arche d'Alliance, elle, est en acacia, réputé imputrescible.

cela qu'il est épargné. Il était seul dans l'Arche, avec son épouse Pyrrha. Arrivés en Thessalie, ils repeuplent la Terre, en jetant, sur les conseils de Zeus, les « os de leur mère » derrière eux. Cette image leur semblait d'abord obscure ; mais Deucalion comprit qu'il s'agissait des pierres, les os de la Terre, la Mère universelle. De ces pierres, lancées par lui et par Pyrrha, naquirent les hommes et les femmes : une nouvelle descendance purifiée de vices ; de même l'Arche d'Alliance, concrétisée par l'arc-en-ciel, symbolise l'alliance de Dieu et des Juifs.

L'installation d'un ordre cosmique, sous le règne de Zeus

Zeus, désormais maître du jeu, installe son pouvoir. Il le fait sur la base d'une complémentarité de forces antagonistes, qui seront symbolisées par les dieux de l'Olympe.

À ce stade de notre analyse, on peut se poser la question : pourquoi un polythéisme ? Sans doute parce que, pour les Grecs, les dieux sont les symboles des énergies constitutives du cosmos et de la psyché. L'univers est un tissage d'énergies (d'où l'importance de la métaphore du tissage chez Platon). Donc, on en déclinera mieux la genèse par le pluriel. C'est une question de description. En même temps, c'est une géniale intuition, qui anticipe sur les découvertes scientifiques de notre Occident. Tout se situe en termes de confrontation, puis de conciliation et de réconciliation. Les grandes instances antagonistes ne se comprennent que dans la relation qui les relie.

De surcroît, le polythéisme, dans son pluralisme, permet de mieux appréhender la complexité du monde. Tout ramener à un principe unique est au-delà des forces humaines (Einstein lui-même n'y parvint pas). Par contre, dire le monde à travers différentes descriptions (scientifique, poétique, religieuse, mythologique), c'est parvenir à mieux cerner cette réalité complexe : plusieurs discours, plusieurs approches ne seront pas de trop, et, loin de s'exclure, ils seront complémentaires.

De même, le système du monde que la mythologie nous donne à voir prend en compte cette *unitas multiplex*, cet entrelacement d'énergies, à travers la variété des figures des dieux et des déesses. Chacun se spécialise dans une forme d'énergie, et toutes ces énergies entrelacées constituent l'architecture dynamique du cosmos. Le couple souverain Zeus-Héra préside à cette organisation, et symbolise les deux grandes forces cosmiques qui arment le processus de création. Mais Zeus règne sur un cosmos installé, organisé ; le Panthéon est comme la concrétisation et l'incarnation de ce système. Les angles de complémentarité entre les douze dieux de l'Olympe sont multiples. Par exemple, Apollon est le gestionnaire de l'ordre, alors que Dionysos privilégie une attitude plus enthousiaste, plus intuitive ; les deux sont nécessaires à une approche globale et totale de la réalité. En ce sens, Athéna, maîtresse des techniques, est apollinienne, et Déméter, liée à des forces telluriques, est plus proche de Dionysos[10]. Hermès, le dieu du passage, et des voyageurs, incarne le mouvement, et la relation qui associe les grandes instances constitutives du cosmos. Hestia, la Vesta romaine, est la déesse du foyer. À ce titre, elle est enracinée dans une stabilité, et elle est complémentaire du mouvement hermésien[11]. Chaque anecdote est signifiante : Mars et Vénus sont amants. Héphaïstos, le mari de Vénus, les surprend, et les piège dans un filet déployé sur le lit où ils consomment leur adultère. Ce filet qui les réunit nous rappelle le discours philosophique d'Empédocle sur la complémentarité de l'Amour (Vénus) et de la Guerre (Mars) dans les processus cosmogoniques, puis, de façon générale dans les processus fondateurs, passant par des phases d'attraction et de répulsion.

Les dieux interviennent dans la vie des hommes, dans l'organisation des cités, dans la démarche initiatique des héros. Ainsi, lorsqu'Énée taille sa route de Troie à Rome, il a trois adjuvants : Vénus, Apollon et Hercule. À travers eux, on aura reconnu trois voies complémentaires de l'initiation : l'Amour, la Connaissance et l'Action. Énée doit passer par ces trois postes pour être un héros accompli (ou tout simplement un homme véritable), et pour cela, il sera aidé par Vénus (sa mère, qui l'aime... et qui est la déesse de l'amour, profane aussi bien que mystique), par Apollon (le dieu de la mantique, des arts, et de façon générale de la connaissance élucidée), et enfin par Hercule, le héros des Travaux, lié par excellence à l'action. De même, les trois voies de la sagesse dans l'hindouisme sont *bhakti marga*, la voie de l'amour, *jñana marga*, la voie de la connaissance, et *karma marga*, la voie de l'action ; et la vie des moines bénédictins privilégie ces trois approches, et leur consacre trois parts essentielles du temps de la journée monacale : l'amour de dieu (la prière), la connaissance (le travail à la bibliothèque), et l'action (le travail manuel).

Cette cité des dieux trouve son correspondant dans la cité terrestre. C'est la vocation première des traditions hésiodiques, de même que le sacrifice prométhéen est d'abord l'acte d'alliance entre les hommes et les dieux. De même que l'installation du Panthéon est le terme d'un long processus de mise en ordre à partir d'un chaos initial, la cité est le lieu où l'on doit trouver, dans le quotidien, le reflet de cette harmonie. Puisque les énergies cosmiques sont une organisation, cette organisation est sus-

---

[10] Cf. G. Aigrisse, *Psychanalyse de la Grèce antique*, Paris, Les Belles Lettres, 1960.

[11] Cf L. Kahn, *Hermès passe, ou les ambiguïtés de la communication*, Paris, Maspero, 1978.

ceptible de se retrouver à trois niveaux : dans le monde des dieux, dans la cité, et dans la psyché humaine. La recherche de cette harmonie dans la cité porte un nom : la civilisation, par rapport à une nature sauvage. Toutes les activités de la cité tendent à cette mise en place, et en ordre, du civilisé par rapport à la sauvagerie. De même, les processus initiatiques sont d'abord une conquête sur la barbarie. L'agriculture est une géométrisation du sol, gagnée sur le monde ensauvagé. L'élevage, la chasse, le tissage, le travail du forgeron, la *paideia*, comme éducation citoyenne, sont autant d'exemples de cet apprentissage du monde, de cette capacité d'apprivoiser et de canaliser les forces cosmiques, en soi et autour de soi.

Dans ce contexte, on peut distinguer :

— *les rituels*, fondamentalement conservateurs, qui permettent de maintenir la cité dans l'ordre du monde, et qui veillent à ne pas rompre, ou détériorer la chaîne du sacré. Le premier rituel, c'est d'abord le sacrifice, dont le but est précisément de délimiter la part respective des hommes et des dieux. On voit l'urgence et l'importance de ce partage, dans les sociétés traditionnelles. Car le monde, s'il n'est pas délimité, est dangereux. Le mélange tue : le sacré non maîtrisé, cette énergie à haute tension, tue tout aussi surement le profane que le profane peut tuer le sacré par banalisation. Le sacrifice met chacun à sa place.

On en trouve un bel exemple dans la symbolique de la nourriture. La société traditionnelle distingue trois types de nourriture : *la nourriture des dieux* (interdite aux hommes ; Ulysse ne mange pas les mêmes nourritures que Calypso) ; *la nourriture des hommes*, le pain, le vin et l'huile ; c'est la triade méditerranéenne dont la caractéristique est de passer, comme l'être humain, par des métamorphoses (la « mort » du blé, du raisin, de l'olive, préliminaires à leur « résurrection » sous forme de pain, de vin et d'huile) ; enfin, *la nourriture des bêtes*, crue et vite putrescible. Seule la nourriture des hommes est souhaitable, et licite, pour eux.

Si le sacrifice est bien exécuté, il est automatiquement efficace. Il s'agit d'un acte magique, plus que d'une question de foi. Car le fait religieux est alors identifié à un fait culturel, indépendant de la foi en un dieu. Il n'y a rien de mystique là-dedans, mais plutôt des obligations qui lient les contractants, l'homme et le dieu : *do ut des*, « je te donne pour que tu me donnes », je renonce à une part de mes biens terrestres (suivant mes moyens, une poule, ou un bœuf, seront sacrifiés), pour acquérir des bénédictions dans l'autre monde.

— et le *discours mythologique*, lié à un apprentissage, voire à une initiation personnelle, qui est plus précisément chargé de la prise en compte des processus de transformation de soi et du monde. La mythologie dit, d'abord, que l'homme est médiateur entre le dieu et l'animal (d'où, on l'a vu, les figures des Centaures ; et celle du demi-dieu, que nous expliciterons plus loin). Dans la mythologie, l'homme est présenté comme un voyageur, et un passeur : cette dimension initiatique insiste d'emblée sur sa liberté, mais aussi sur sa responsabilité, et sur sa capacité de transformation, de soi, et du monde. Il se construit lui-même en construisant le monde, qu'il civilise, en particulier par le pouvoir de la nomination : Hercule, Énée, Thésée « apprivoisent » le monde alentour par la puissance de la nomination, et l'émergence des légendes étiologiques ; tous ces monts, ces sources éponymes sont autant de traces civilisatrices laissées dans le monde ensauvagé.

Le héros mythique a donc comme vocation (et parfois comme malédiction) de marcher, mais aussi d'apprendre à lire. Tout repose sur une discipline de l'éveil. Les signes sont là. C'est nous qui ne savons pas voir ou lire les signes : d'où la nécessité d'une éducation de l'œil et du regard. Espace intérieur et extérieur sont liés, interdépendants ; notre monde intérieur détermine la clef de notre relation au monde extérieur.

La tradition orphique : de l'ordre au désordre

À la différence des traditions hésiodiques, qui mettent le Chaos à l'origine du monde, les cosmogonies orphiques postulent une unité originelle qui est ensuite brisée puis restaurée potentiellement sous le règne de Dionysos. La démarche est même, en apparence, exactement inverse, puisque, chez les Orphiques, elle va d'une unité vers un désordre, alors que, comme on l'a vu, la tradition hésiodique va d'un chaos vers la mise en place d'un ordre. D'autre part, alors que, nous l'avons souligné, la religion hésiodique a d'abord pour but d'instaurer un rituel, une répartition correcte des domaines du profane et du sacré dans la cité, la religion orphique, elle, a des bases mystiques : elle est fondée sur une identification entre le fidèle et le dieu.

Dionysos et l'orphisme

Dans leurs récits cosmogoniques, les Orphiques font intervenir les Titans, Kronos et Rhéa, et ensuite Zeus et ses frères et sœurs ; puis la deuxième génération des Olympiens. Mais le personnage central de l'orphisme, c'est Dionysos. Il est l'acteur de l'épisode fondateur commémoré dans l'initiation orphique : il connaît une passion, un sacrifice, lorsqu'il est attiré puis tué par les Titans, mis en pièces lors du *diasparagmos* qui était commémoré par les Bacchantes (avec un chevreau comme substitut du dieu sacrifié), et bouilli, puis rôti dans un chaudron par les Titans, avant d'être mangé. On remarquera les connotations nettement chamaniques de l'épisode (Orphée et Dionysos venaient de Thrace, pays des chamanes...), et aussi la façon dont les Titans signent leur perversité en inversant l'ordre des rituels du sacrifice hésiodique classique, qui consistait à rôtir, puis à faire bouillir la viande consacrée de la victime sacrifiée. Apollon, qui passait par là, voit la scène, intervient, réussit à sauver de la marmite le cœur de Dionysos, et le porte à Zeus. Celui-ci ressuscite Dionysos à partir de ce cœur, seule partie restante de sa personne. Dionysos est donc né trois fois : une première fois, de Sémélé, avant terme ; puis de la cuisse de Jupiter ; enfin, il ressuscite, et « naît » une troisième fois, après l'épisode des Titans.

En même temps qu'il ressuscite Dionysos, Zeus tue les Titans coupables, d'un coup de sa foudre. De la cendre des Titans foudroyés naît la race des hommes : belle parabole, qui est en quelque sorte l'équivalent orphique de l'histoire du péché originel, et qui explique que les hommes soient un mixte de bestialité, voire de péché (ils sont issus des cendres des Titans), mais aussi de divin : il y a un peu du dieu en eux, un peu de ce Dionysos que les Titans avaient mangé avant de mourir.

Cela explique pourquoi on trouve Dionysos, ce dieu inquiétant, au cœur des rites des Orphiques, ces vertueux. Dans la cosmogonie orphique, il y a deux Dionysos, ou plutôt, Dionysos est à la fois le premier dieu (assimilé à Protogonos) et le dernier dieu, celui qui connaît une passion, et meurt avant de ressusciter. Il est à la fois l'*alpha* et l'*omega*. Comme dernier dieu, il est à la limite de l'entropie, de l'extrême dispersion, emblème de la solitude et de la déréliction humaine, du régime carcéral imposé au fragment du dieu enfoui dans chaque individu. C'est le sens de son *diasparagmos*. La légende nous dit, d'ailleurs, que les Titans l'avaient découpé en sept morceaux : trois, le nombre du dieu, plus quatre, le nombre de l'homme ; c'est logique, puisqu'il s'agit de symboliser la présence du dieu dans l'homme. Mais le cœur de Dionysos, sauvé, est la promesse d'une autre vie ; c'est ainsi que, par son sacrifice, Dionysos, le dernier des dieux, renoue avec l'état primordial.

Voici pourquoi Dionysos est au centre de la théogonie orphique, malgré le scandale et le paradoxe apparent de sa réputation de dieu de l'orgie, au milieu de la pureté des orphiques. Il est le dieu du retournement du désordre en ordre, avec cette idée que le désordre est nécessaire au retour de l'ordre. On comprend alors que ce soit Apollon qui recueille les membres du dieu. En permettant à Zeus de ressusciter le corps du dieu à partir de son cœur, il unifie le corps dispersé de Dionysos, et il réunit ce qui est épars, comme Isis le fait pour Osiris. On comprend mieux aussi Macrobe écrivant qu'un des grands enseignements initiatiques révélait qu'Apollon et Dionysos *sont le même* (*Saturnales*, I, 18, 8). Non seulement ils sont le même, mais ils sont complémentaires, deux visages d'un même Janus[12]. Le mythe des Titans expliquait à l'initié orphique pourquoi il se sentait à la fois un dieu et un criminel : par le sentiment apollinien de l'éloignement du divin (caractéristique du régime diurne diaïrétique, schizoïde, héroïque, selon G. Durand), et par le sentiment dionysiaque d'identité et de fusion, le sentiment d'être le dieu (lié au régime nocturne mystique de Durand), les deux étant ainsi « réconciliés » et justifiés dans leur apparente opposition (c'est le régime nocturne synthétique de la médiation). C'est pour cela que l'iconographie nous montre Apollon et Dionysos réunis et protégeant Orphée qui dicte son message.

Éros et Aphrodite[13]

Éros et Aphrodite jouent également un rôle fondamental dans la cosmogonie orphique. Ils apparaissent deux fois, mais dans un ordre inversé.

Dans une première évocation, immédiatement après la création du monde, Éros est antérieur à Aphrodite. Il est un être primordial, assimilé à Protogonos. Aphrodite, elle, apparaît plus tard dans la théogonie : elle naît du sperme d'Ouranos, quand Kronos tranche le sexe paternel, qui tombe au large de la Sicile ; Aphrodite sort de cette écume, les peintres italiens s'en souviendront. Par une sorte d'oxymore, cette déesse qui unira les êtres naît donc d'un geste de séparation, typiquement schizoïde. De même, le présage de la mort de Rome annoncée est contenu dans l'acte de sa naissance, à travers le prodige des douze vautours que voit Romulus lors de la fondation de Rome.

Dans la tradition orphique, Éros et Aphrodite sont associés une deuxième fois à un épisode plus tardif, qui inverse l'ordre chronologique d'apparition des deux personnages, par rapport à la première évocation : Éros est postérieur à Aphrodite, puisqu'il est son enfant.

L'histoire de Dionysos, à la fois le premier et le dernier des dieux de l'orphisme, nous aide à comprendre cette apparente contradiction. En effet, le récit mythique nous dit deux choses.

D'abord, il nous donne à voir les origines et l'émergence des forces constitutives du cosmos. Dans ce contexte, Éros-Dionysos-*Protogonos* transcrivent la capacité des forces primordiales de produire une émergence, au sens où les théories de la complexité emploient ce

---

[12] Ce qui explique que ce même Macrobe, dans un autre passage des *Saturnales*, identifie cette fois Apollon à Janus : cf. *Sat.* I, 9, 5 sq.

[13] Cf. J. Rhudhardt, *Le rôle d'Éros et d'Aphrodite dans les cosmogonies grecques*, Paris, P.U.F., 1986.

concept : quelque chose issu d'eux et qui dépasse la simple somme de leurs composantes. Puis l'ordre cosmique se met en place (de même que dans la théogonie romaine, Zeus, le dieu des *summa*, succède à Janus, le dieu des *prima* et des commencements). Le problème n'est plus de créer, mais de conserver, de stabiliser et de réguler, dans une *isonomia*, une forme de tension équilibrée (il faudrait ajouter une troisième instance, la destruction, pour avoir le cycle complet de la cosmogonie antique, très semblable en ceci à la triade de la cosmogonie de l'hindouisme : Brahma, le Créateur ; Vishnou, le Conservateur ; Shiva, le Destructeur)[14].

Quant à la deuxième évocation du couple Aphrodite-Éros, elle se situe à un moment où l'ordre cosmique définitivement établi implique pour chaque catégorie d'êtres (dieux, humains, et familles de vivants, comme les animaux ou les plantes), une forme précise et fixée, dégagée de la tératologie anarchique des Origines, et qui doit, sans changements, se transmettre de génération en génération (Darwin n'est pas encore passé par là...). C'est dans ce sens que les épithètes homériques, les épiclèses des dieux et des héros, les fixent et les figent en même temps dans une fonctionnalité. On en reparlera à propos de l'*Iliade*. De même, les pouvoirs de la nomination permettent au héros fondateur de s'approprier le territoire en le nommant ; en même temps, ils lui enlèvent son caractère ensauvagé, et ils le fixent dans une fonctionnalité, dans une place de l'ordre nouvellement créé.

Il faut donc que l'amour et le désir, ces transgresseurs potentiels, demeurent eux aussi assujettis au Roi des dieux, qui les fait servir au maintien et à la régénération d'un ordre constant. C'est pour cette raison que, symboliquement, le mythe inverse l'évocation initiale d'Éros-*Protogonos*, qui donnait à Éros une liberté primordiale confinant potentiellement à un désordre dangereux ; dans la deuxième évocation, en faisant d'Éros le fils d'Aphrodite, et d'Aphrodite la fille de Zeus, le mythe ôte leur danger potentiel à ces deux perturbateurs ; ils sont tous deux soumis à un parent (Éros à Aphrodite, Aphrodite à Zeus), et, en terme ultime, ils sont gérés par l'Ordre de Zeus. Ainsi, pour trouver un équilibre dans la mise en place du cosmos, l'Amour est d'abord lié à la Création (Brahma), puis à la Conservation des formes et des énergies (Vishnou), pour lutter contre le phantasme d'une Destruction (Shiva), qui n'en finira pas moins par se manifester à travers une forme de fin du monde, de crépuscule des dieux, d'âge obscur, perçu en outre comme le seul moyen de s'ouvrir à une nouvelle régénération périodique, et à la création d'un nouveau monde.

---

[14] C'est le rôle que les Stoïciens faisaient jouer à César, par exemple dans la *Pharsale* de Lucain. Cf. *infra*, p. 59.

Car, dans la phase de conservation de l'Ordre, le vieillissement des structures est toujours perçu comme un risque. Pour l'éviter, le système doit se doter des moyens d'opérer un rajeunissement périodique, limité, et contrôlé ; peut-être par l'adultère entre les dieux, choquant par rapport à une morale, mais signifiant, dans le contexte de cette symbolique énergétique : Aphrodite, l'épouse d'Héphaïstos, le Forgeron-Alchimiste, le Maître de la Matière organisée, trompe son époux avec Arès, le dieu de la Guerre, ce qui est une façon d'entretenir, à travers cette union illicite et oxymorique des contraires, une forme de subversion de l'ordre établi ; d'ailleurs, la nymphe Harmonie est le fruit de ces amours illicites entre Arès et Aphrodite, et elle sera la mère de Sémélé, donc la grand-mère du second Dionysos, autre dieu « spécialiste » de la subversion.

La théogonie sera achevée lorsque les dieux « tomberont » amoureux des mortels (l'image de la chute a son importance, dans l'expression...), et engendreront ces êtres hybrides, intermédiaires, mixtes, que sont les demi-dieux. Et le crépuscule des dieux sera achevé lorsqu'Aphrodite elle-même tombera amoureuse d'Anchise, un mortel. Lorsqu'on se souvient qu'Anchise est le père d'Énée, le fondateur de Rome et le premier des Romains, on remarque que, là encore, mondes finissants et mondes commençants se touchent et s'enchaînent.

Car chaque acte amoureux du monde nouveau commémore la puissance d'Aphrodite. Voilà pourquoi Éros, comme Dionysos, sont à la fois le premier et le dernier. On prend alors le sens et la mesure du désir des hommes, comme sentiment oxymorique : à la fois sentiment de la séparation et de la fusion, de la nostalgie et de la projection vitale. Les grecs ont d'ailleurs deux mots, *pothos* (le désir nostalgique) et *himeros* ou *epithumia* (le désir projectif) là où les Français n'en ont qu'un. Platon avait raison, quand il disait dans un passage célèbre du *Banquet* (203, c) qu'Éros était fils de Poros et de Penia. Le plus souvent, on traduit (mal) *Poros* par Expédient, et *Penia* par Pauvreté, ce qui en fait deux expressions presque redondantes, ou en tout cas qui dégage mal le rapport qu'il y a entre elles. Mais *poros* a deux sens, en grec : « le passage », et « l'expédient ». Si l'on s'arrête sur le sens de « passage », on comprend mieux : *Poros*, le Passage, c'est le sentiment positif du désir-fusion, de la possibilité de rejoindre l'objet du désir, et d'assouvir celui-ci ; quant à *Penia*, le Manque, c'est la *Nachtseite*, le versant obscur de *Poros* : le sentiment de la séparation et de la dualité. Éros, leur fils, concilie en sa personne ces deux visages du désir, en même temps qu'il les transcende dans l'émergence de l'élan vital et créateur. Éros, comme Orphée, incarne à la fois la certitude de la fusion (dans un imaginaire nocturne mystique qui l'identifie à la figure du second Dionysos), et la figure dualiste (renvoyant à un imaginaire diurne « héroïque » fondé sur les schèmes de séparation) de l'exil nostalgique, du Paradis perdu. En même temps, il est lui-même une instance émergeante (relevant d'un imaginaire nocturne synthétique de la réconciliation et de la mise en relation, identifié aux figures du Voyageur et de l'Initié) : il est le pont et le médiateur entre ces deux mondes, opposés et complémentaires à la fois. Pour le dire autrement, le mythe d'Orphée, comme la parabole d'Éros, nous enseignent qu'il n'y a pas de fusion, ni de circulation, s'il n'y a d'abord tension et polarisation ; et que, inversement, le combat initial, la structure agonistique restent incomplets tant qu'ils ne se prolongent pas dans la réconciliation et dans l'acte amoureux et fusionnel. L'Épée n'est pas le contraire de la Coupe, l'Homme n'est pas le contraire de la Femme ; mais en même temps, ce sont des sphères d'univers irréductibles, et ce n'est qu'une cohérence très forte – la musique d'Orphée – qui peut les relier.

Comment expliquer cette apparente contradiction entre la tradition hésiodique (le monde va du désordre vers l'ordre) et la tradition orphique (le monde va de l'ordre vers le désordre) ? Ce sont des discours croisés : ils relèvent d'une prise de conscience de la complexité du réel, qui ne saurait être entièrement explicité par un seul discours. Il faut donc avoir recours à plusieurs récits, plusieurs approches, pour pouvoir dire le monde dans sa totalité, sans être réducteur. Le cosmos est à la fois un passage de l'ordre au désordre, et du désordre à l'ordre. Ordre et désordre sont inextricablement liés et reliés dans la création du monde, et, par un effet-miroir, dans les méandres de notre psyché. C'est ce que nous disent les mythes.

Le mythe des quatre âges du monde et la théorie des catastrophes de R. Thom[15]

Car les théories hésiodiques sur l'Âge d'Or, et sur les générations décroissantes qui s'ensuivirent ne sont qu'apparemment en contradiction avec l'ensemble de la cosmogonie évoquée dans la *Théogonie* et *Les Travaux et les Jours*, et fondée sur une complexification croissante du cosmos. En fait, il semble que nous ayons au contraire deux représentations très complémentaires, qui témoignent de la richesse et de la profondeur de la *Weltanschauung* mythologique.

À l'origine de l'humanité, la *Théogonie* et les *Travaux et les Jours* d'Hésiode nous parlent de l'Âge d'Or (le règne de Saturne), où la nature s'offre à l'homme dans sa fécondité, et où il n'a pas besoin de travailler (le travail est une des conséquences de la faute de Prométhée, et de la

---

[15] Les pages qui suivent reprennent dans ses grandes lignes notre article, « La "théorie des catastrophes" dans l'Antiquité classique », in *L'imaginaire des catastrophes*, (J.-J. Wunenburger et I. Buse dir.), *Symbolon* 6, 2010, p. 17-32.

Chute biblique : l'homme récoltera son pain à la sueur de son front). Cet Âge d'Or est décrit à travers un double symbolisme :

— D'abord, il évoque pour nous les temps paléolithiques où les paléontologues s'accordent à dire que les chasseurs-cueilleurs vivaient dans une relative facilité pour subvenir à leurs besoins, ce qui, finalement, rendait une vie de chasseur-cueilleur plus ouverte à l'abondance que la vie des cultivateurs du Néolithique[16]. Par contre, ces premiers hommes, pour survivre, devaient avoir des facultés mentales exceptionnelles. D'ailleurs, il a été établi que la taille du cerveau d'*Homo sapiens* a diminué depuis l'époque des chasseurs-cueilleurs : l'avènement de l'agriculture, puis de l'artisanat, et enfin de l'industrie, permit aux hommes de compter sur le talent des autres pour survivre, dans des fonctions modestes et sans responsabilité :

> « Une alimentation saine et variée, une semaine de travail relativement courte et la rareté des maladies infectieuses ont permis de parler des sociétés de fourrageurs préagricoles comme de sociétés d'abondance originelle[17]. »

— Ensuite, le mythe de l'Âge d'Or évoque une promesse d'immortalité : les hommes et les dieux y mangeaient encore à la même table. Les avancées de la biologie évoquent de façon intéressante une sorte d'« Âge d'Or » des cellules. Au début était leur immortalité potentielle. Puis la mort s'est inscrite au cœur du vivant. Elle est le prix que les cellules ont payé pour passer de la simplicité originelle à la complexité des corps. Complexité et mort sont donc liées[18]. Là encore, on retrouve un écho mystérieux de ce savoir dans le discours des mythes, et dans les récits de la « chute », qu'elle soit liée à l'épisode prométhéen ou qu'elle se situe dans le contexte biblique. Dès lors, on passera de l'Âge d'Or à l'Âge de Fer, par une lente entropie.

Mais l'évolution du monde, et des structures du vivant, n'obéit pas à un schéma linéaire et uniformément diachronique. Elle se fait en pas-

---

[16] Cf. là-dessus L. Luca Cavalli-Sforza, *L'Aventure de l'espèce humaine. De la génétique des populations à l'évolution culturelle*, Paris, Odile Jacob, 2011 : l'Âge d'Or des Grecs correspond à l'époque des chasseurs-cueilleurs paléolithiques, avant la sédentarisation et l'agriculture.

[17] Y.-N. Harari, *op. cit.*, p. 69. Ce n'était toutefois pas la vision de Lucrèce, beaucoup plus pessimiste, au Ve livre du *De rerum natura*.

[18] Cf. là-dessus J.-C. Ameisen, *La Sculpture du Vivant*, Paris, Seuil « Points », 2003, p. 138 sq.

sant par des cycles, des périodes, des révolutions. Le cosmos se génère en se régénérant, et il ne cesse d'évoluer, en passant d'une forme de perfection à une imperfection toujours plus grande, qui conduit à une catastrophe, elle-même permettant un renouveau, et le début d'un nouveau cycle. Ainsi, la théorie des âges décroissants, associée à celle des catastrophes, est parfaitement cohérente avec la théogonie hésiodique. Elle en est même le moteur, à partir du moment où le monde est créé. On demeure confondu devant la subtilité de cette vision métaphorique des récits mythologiques, qui anticipe sur les découvertes scientifiques d'un René Thom, et de sa théorie des catastrophes. On en connaît les grandes lignes : tous les processus morphogénétiques (créateurs de formes) obéissent à des principes communs. Plus précisément, R. Thom lie toute création de forme (morphogénèse) à une rupture de forme, ou catastrophe. Ainsi, genèse et désintégration peuvent se lire en simultanéité, dans les mêmes processus, et à chaque instant, en dehors d'une diachronie. L'ordre du monde s'édifie donc dans et par le déséquilibre. Cette théorie est corroborée par d'autres approches, dans d'autres champs disciplinaires : les « structures du chaos » d'Ilya Prigogine, et la théorie des fractales de Mandelbrot. Mais n'est-il pas anachronique de poser comme postulat de départ un concept qui prend en compte des données scientifiques totalement inconnues de la civilisation gréco-romaine ? Certes, M. Jourdain faisait de la prose sans le savoir ; et il existe maintenant une abondante production d'ouvrages d'obédience psychanalytique relisant à la manière freudienne l'art et la littérature antiques[19]. Pour eux, le mythe d'Œdipe existait, mais Freud ne l'avait pas encore nommé comme complexe. *Mutatis mutandis*, l'expérience montre pourtant que les textes de Virgile, d'Ovide, de Catulle, « parlent » à la manière freudienne, et aussi jungienne ; ou plutôt, comme le disait J. Lacan, « ça parle », à l'insu du créateur, et malgré lui : l'auteur n'est pas maître chez lui. Il n'est donc pas absurde d'appliquer des modèles herméneutiques à des sociétés qui les ignoraient, à condition toutefois d'être très vigilant dans le protocole descriptif de la période, et dans le repérage de tout ce qui sépare et différencie les cultures et les sociétés ainsi rapprochées. Si l'on relit cette notion de « cata-strophe » dans la culture gréco-romaine à la lumière des théories de la complexité et de la systémique, cela met en évidence la subtilité du « système mythologique ».

Les Grecs et les Romains superposent donc à la vision linéaire du temps une autre vision, circulaire et cyclique. D'où l'idée d'un catastrophisme, au sens étymologique : une suite de révolutions, qui rythment la

---

[19] Cf. J. Thomas, « Est-il légitime d'avoir recours à la psychanalyse comme mode interprétatif de la culture antique ? », in *Euphrosyne*, XXXVI, Lisboa, 2009, p. 279-290, et E. Oliensis, *Freud's Rome. Psychoanalysis and Latin Poetry*, Cambridge, Cambridge University Press, 2009.

vie du cosmos. En grec, *catastrophé* signifie « retournement complet sur soi-même » ; le mot trouve son équivalent latin dans le verbe *reuoluere*[20]. Donc, a priori, la catastrophe n'est pas une fin ; elle est un épisode nécessaire à une régénération globale. En décrivant la « Grande Année », le cosmos accomplit un cycle complet, au terme duquel il s'anéantit pour mieux renaître. Mort et vie sont étroitement liées. Qui plus est, la fin est alors le prélude et la *catharsis* nécessaires à une renaissance. De la même façon, dans le monde judéo-chrétien, l'Apocalypse, *apocalypsis*, est avant tout une ouverture, une révélation, qui passe certes par un embrasement préliminaire du cosmos. Ce n'est que par la suite que le sens commun n'a retenu que l'épisode douloureux, et perdu de vue le dépassement et le renouveau dont il était la porte. D'où le sens dramatique attaché, dans notre imaginaire, au mot « catastrophe ».

On connaît assez bien ces spéculations sur la « grande Année ». Sur sa durée, les évaluations variaient[21]. Héraclite l'estimait à 10.800 ans. Selon Sénèque (*Questions Naturelles*, III, 29), Bérose l'évaluait à 432.000 ans. Platon parlait, dans la *République* (VIII, 546), de 36.000 ans, et, dans le *Timée* (39 d), de 25.920 ans. Mais notre meilleure source sur ce sujet est sans doute la pensée stoïcienne. Pour les Stoïciens, l'alternance des mouvements entre le feu et la terre, le principe actif et le principe passif, détermine une catastrophe sous la forme de l'*ekpyrosis*, la « fin du monde » cyclique. L'*ekpyrosis* est assez semblable aux représentations hindoues selon lesquelles tout le manifesté rentre en Brahma et se consume en lui pour en ressortir au rythme de sa respiration, ou dans ses alternances de veille et de sommeil (cf. *Bhagavad-Gitâ,* XI, 25-30). Chrysippe souligne que cette réintégration dans le feu divin doit se comprendre non comme un anéantissement, mais comme une purification, une *catharsis*, et un rajeunissement[22]. La fameuse « théorie des Âges » de l'humanité en est une extrapolation : de l'Âge d'or (celui des dieux) à l'Âge de Fer (celui des hommes), en passant par l'Âge d'Argent et l'Âge d'Airain, l'humanité ne cesse de se dégrader, de connaître un mouvement entropique qui la conduit à une « mort » suivie d'une « renaissance » dans un nouveau cycle. Les différents récits mythologiques autour du

---

[20] D'où dérive, en passant par l'aire linguistique anglo-saxonne, le fameux « revolver », dont le barillet tourne sur lui-même...

[21] Cf. P. Duhem, *Le Système du Monde*, Paris, 1913-1959, tome I, p. 65-85 et 275-297, et tome II, p. 447 sq.

[22] Il n'est d'ailleurs pas sûr qu'elle revête une forme catastrophique. Il se pourrait qu'elle s'opère dans une lente et progressive aspiration des éléments terrestres et humides par le feu céleste : une sorte de « voie humide » alchimique, par opposition à la « voie sèche » et fulgurante. L'important est que « ce qui est né doit périr, afin que l'univers ne soit pas réduit à l'immobilité. » (Épictète, *Manuel*, IV, 7, 27).

Déluge, dans la Bible, mais aussi dans la mythologie gréco-romaine participent de la même tradition. L'histoire de Deucalion en est le paradigme : Zeus avait décidé que les hommes de l'Âge d'Airain étaient une race perdue de vices, et il envoya une catastrophe, un grand déluge, pour les noyer. Prévenus par Prométhée (toujours bienveillant pour l'humanité), Deucalion et son épouse Myrrha errèrent pendant neuf jours sur une arche qu'ils avaient construite, avant de débarquer sur les montagnes de Thessalie et de refonder la race des hommes. La catastrophe peut survenir aussi bien à la suite d'une vaste conflagration que d'une inondation : le feu et l'eau sont également destructeurs et régénérateurs. On pense au fragment 71 d'Héraclite, « Vivre de mort et mourir de vie », et à la parole de l'Éternel dans la Bible : « Je tue et je fais vivre » (*Deutéronome*, 32, 39)[23].

Il est un passage de Sénèque qui rend admirablement compte de cet imaginaire catastrophiste des Stoïciens. C'est la fin de la *Consolation à Marcia*, fille de Cremutius Cordius, et elle-même portant le deuil de deux fils, dont Métilius, qui donnait les plus belles espérances et mourut âgé d'une vingtaine d'années. Pour tenter de la consoler, Sénèque lui donne à voir le spectacle des catastrophes cosmiques. Tout sera subverti, consumé par l'eau et le feu. De surcroît, le monde sera bouleversé, littéralement mis à l'envers ; on l'a dit, c'est une des caractéristiques de la catastrophe gréco-romaine :

> « Car [...] il n'est rien qui doive demeurer à sa place, rien que le temps ne doive renverser et entraîner tôt ou tard dans son cours. Et ce n'est pas seulement des hommes qu'il se jouera (que sont les hommes dans l'infini domaine où la fortune exerce sa puissance ?), mais des lieux, des contrées, des différentes parties de l'univers. Il aplanira les montagnes et fera surgir ailleurs de nouveaux sommets escarpés ; il desséchera les mers, détournera les fleuves, et, supprimant les communications entre les peuples, abolira la société et l'union du genre humain ; ailleurs il ouvrira des gouffres formidables où les villes s'engloutiront, ou les secouera de tremblements de terre ; il fera monter du sol des vapeurs pestilentielles ; il couvrira d'inondations la surface du monde habité et fera périr sous les flots toutes les espèces animales ; il répandra des flammes dévastatrices, qui consumeront et dévoreront tout ce qui respire. » (*Consolation à Marcia*, XXVI, 6, trad. R. Waltz).

Le feu embrasera tout, le monde ne sera plus que feu :

---

[23] L'équivalent épicurien de la catastrophe stoïcienne, c'est le *clinamen*, comme déviation, déclin initial qui produit le choc, la « catastrophe » qui sera à l'origine de la création des mondes.

> « Et quand l'heure sera venue où le monde doit s'anéantir pour se renouveler de fond en comble, toute substance se détruira elle-même, les astres heurteront les astres, le feu embrasera l'univers, et tous ces corps lumineux qui brillent dans un si bel ordre aujourd'hui, ne formeront plus que la flamme d'un vaste et unique incendie. » (*Consolation à Marcia*, XXVI, 6, trad. R. Waltz).

Et c'est alors que s'opère une heureuse et miraculeuse métamorphose : ce feu destructeur se mute en feu artiste, en athanor créateur. Tout se dénoue, dans ce retour au Principe, au Père créateur :

> « Nous-mêmes, âmes fortunées, qui avons l'éternité en partage, le jour où dieu jugera bon de reconstituer l'univers, nous ne serons, au milieu du bouleversement général, qu'une parcelle infime de la grande catastrophe, et nous retournerons nous perdre au sein des éléments premiers. » (*Consolation à Marcia*, XXVI, 7, trad. R. Waltz).

On le voit, chez Sénèque, la « catastrophe » n'a finalement rien de tragique. Elle est dans l'ordre des choses. Il suffit de l'accepter, de se dénouer en elle[24]. Et la vie succède à la mort, ou plutôt, elle surgit au sein de ce qu'on croyait être le néant absolu.

Finalement, nous ne sommes pas si loin de R. Thom, et de sa théorie d'une synchronie entre création de forme et rupture de forme. Le discours antique intègre, certes, la notion de diachronie (le passage vers la catastrophe se fait dans la durée des cycles, en diachronie ; la « théorie des âges » est diachronique). Mais, au bout du compte, c'est l'image de l'*ouroboros*, du serpent qui se mort la queue, que nous rencontrons : la fin est comme le commencement, ou plutôt, elle est la porte ouverte vers le commencement. Cette coïncidence des cycles, qui s'enchaînent, abolit, d'une certaine façon, le temps linéaire ; ou tout au moins, elle le dépouille de son attribut mortifère : la flèche du temps, identifiée à la faux de la mort. Ici, mort et renaissance se confondent, comme dans les religions de mystères.

On trouve des traces de ce catastrophisme jusque dans les origines de Rome. Et là encore, le récit met en évidence une simultanéité entre la

---

[24] Même acceptation chez les Épicuriens, qui tendent, à travers l'agitation du monde, à retrouver l'ataraxie comme reflet et *mimesis* du Grand Repos originel d'avant le *clinamen*.

naissance et la mort de Rome, au sein d'un même et unique événement lié à l'origine de Rome. Lorsque Romulus veut trouver dans le sacré un gage de sa légitimité à être le fondateur, il observe les augures, déterminant un rectangle rituel, le *templum*, dans le ciel. Il y voit passer douze aigles (ou douze vautours, les traditions varient). Rémus n'en a vu que six. Assurément, Romulus sera le chef. Mais que signifient les douze aigles ? D'emblée, leur nombre est associé à la durée de vie de la cité qui va naître. Le même événement donne donc *en même temps* la légitimité de sa naissance, et une chronique de sa mort annoncée. Vie et mort de Rome sont associées. Mais douze quoi ? Quelle unité de mesure prendre ? Dès lors, les spéculations angoissées des exégètes vont tenter d'établir quelle est la durée de vie attribuée à l'*Vrbs* avant la catastrophe qui la tuera. Rome n'a cessé d'être traversée par ces théories millénaristes (et en même temps doublées d'un éventuel messianisme, en fonction de ce que nous avons dit : la mort de Rome peut être son renouveau). On envisagea tous les calculs, toutes les hypothèses : les douze mois auraient signifié une « grande année » de 365 ans ; d'où un premier mouvement de panique qui, vers 390 av. J.C. (365 déduit de 753, la date de la fondation, donne 388...), conduisit une partie de la plèbe à envisager de quitter la ville, pour échapper à sa destruction. Rien ne se passa. Alors, les exégètes pensèrent qu'il fallait refaire le calcul en multipliant les chiffres par deux (Pourquoi deux ? cela nous reste obscur). Toujours est-il que cela nous conduit en 23 avant J.-C. Or nous savons que, peu avant, montait à Rome tout un courant de messianisme et de millénarisme ... dont un des échos les plus talentueux est la fameuse quatrième Églogue de Virgile. Il est amusant de constater que les historiens s'accordent à considérer que la Rome classique est morte au début du Ve siècle ap. J.-C.... soit au bout de douze siècles. Le présage n'était pas si mauvais, et il était relativement simple à décrypter... On peut même aller plus loin : dans la grande tradition catastrophiste, Rome ne mourut pas, mais une partie de Rome passa dans le christianisme, où elle devint *Roma Aeterna*...

Au terme du cycle de la Grande Année, c'est un désordre généralisé, un chaos, qui caractérise la catastrophe : « Il n'est rien qui doive demeurer à sa place », disait Sénèque. Il semble bien que l'imaginaire antique considère l'organisation du cosmos comme une mise en ordre, et son entropie comme un désordre mortifère. D'ailleurs, en grec, le même mot *cosmos* signifie à la fois « l'ordre » et « le monde ». Donc, en diachronie, le monde ne cesse d'abord de s'organiser (la théogonie hésiodique nous fait passer du chaos originel aux hiérarchies olympiennes), puis il se dégrade à mesure qu'il va vers sa mort, identifiée à un retour au désordre. Cette *Weltanschauung*, cette description du monde, ne vaut que comme un niveau de représentation, et l'intérêt des théories modernes de la complexité est de nous montrer que ce niveau n'est pas exclusif. La physique classique et sa théorie entropique nous donnent à voir le monde dans la flèche du temps, qui l'achemine vers sa mort ; en même temps, la physique quantique nous décrit un monde où le temps est néguentropique, où la flèche du temps n'existe pas, et où les particules sont « immortelles ». Mais les deux mondes *coexistent*, sans que l'on puisse dire que l'un est plus « vrai » que l'autre. Nous avons besoin d'intégrer ces deux modes de description pour comprendre le monde, dans la totalité de sa complexité. De même, il semble bien que le monde de l'Antiquité ait choisi, de façon intuitive, et non pas scientifique, de nous donner plusieurs figures du temps, plusieurs modélisations, dont certaines ne sont pas si éloignées de la synchronicité mise en évidence par R. Thom. D'un côté, nous avons la flèche d'Achille, et le paradoxe selon lequel elle n'arrive jamais au but. Mais de l'autre côté, d'autres discours nous disent déjà, avant Leibniz, que *Natura non facit saltus*, la Nature ne procède pas de façon discontinue, et que tout est relié ; en conséquence, le temps peut être, dans certaines circonstances, aboli. Nous avons déjà relevé des traces et des preuves de ce « discours de la synchronicité » appliqué à l'Antiquité classique et à la « théorie des catastrophes ». Il en est d'autres, portant toujours sur la dialectique de l'ordre et du désordre, mais dans le contexte de la cité, comme microcosme à l'image du cosmos. Ils portent sur le rôle de la fête dans la société gréco-romaine.

La fête, comme institution sociale, s'inscrit bien dans notre théorie des catastrophes, car, elle est, d'abord, une subversion, un monde à l'envers, un retournement complet. C'est le sens premier de *catastrophé*, on l'a vu. Pendant les Saturnales romaines, les esclaves prennent la place des maîtres, et vice-versa. Plus généralement, la fête apparaît comme un espace nocturne de désordre provisoire, qui s'oppose à l'espace diurne, ordonné, de la loi. Ce désordre qui réinstaure le chaos primordial au cœur de la cité a pour objet de régénérer la *ciuitas* vieillissante, de la dynamiser par une force vive qui la subvertit avant qu'elle ne se sclérose et s'immobilise. Le risque est bien sûr que le chaos déferle sur la civilisation, et emporte tout. C'est pourquoi la période de la *catastrophé*, du retournement et du monde à l'envers, est soigneusement réglée et minutée : les Saturnales durent une semaine (du 17 au 24 décembre), puis l'on retourne à l'ordre ancien. Ainsi, la cité antique progresse dans un savant équilibre entre ordre et désordre, entre l'espace de la loi et l'espace du jeu[25]. Cet équilibre est la condition nécessaire à ses capacités de régénéra-

---

[25] Sur la fête, cf. M. Maffesoli, *L'Ombre de Dionysos, contribution à une sociologie de l'orgie*, Paris, 1982 (Le Livre de Poche, 1991).

tion, donc à sa durée[26]. Et la catastrophe est un des éléments qui contribuent à l'équilibre, de la même façon que le désordre peut être constitutif.

De surcroît, pendant le temps de la fête, ordre et désordre sont gérés en simultanéité. La fête se construit par rapport à l'ordre et au désordre, en dehors d'une diachronie. En ceci, elle vérifie la « théorie des catastrophes » de Thom, qui associe dans le même événement création de forme et rupture de forme. Donc, il serait excessif de dire que le monde antique n'a perçu la relation à l'ordre et au désordre que dans la durée, et dans le déroulement des théogonies. Certes, cette perception du temps est privilégiée ; mais Grecs et Romains sont également familiarisés avec d'autres approches descriptives du temps qui relèvent d'une synchronicité ; et la « théorie des catastrophes » appliquée à l'Antiquité, et plus particulièrement ici au monde de la fête, nous aide à le comprendre.

Une interprétation politique et historique : la **Pharsale** *de Lucain*

À Rome, la « théorie des catastrophes », telle qu'elle apparaît en filigrane dans les récits des Stoïciens, s'inscrit donc dans un schéma dynamique complexe, associant création, conservation et destruction. En ceci, on pourrait utilement rapprocher le schéma romain d'un autre schéma indo-européen, hindou, celui-là, que nous avons déjà évoqué à propos de l'*Énéide* : dans la métaphysique et la mythologie de l'Inde, la triade Brahma (le Créateur) – Vishnou (le garant de la conservation du monde, celui qui fait que le monde dure) et Shiva (le Destructeur) métaphorise les trois instances à partir desquelles se crée le cosmos, et s'organise le vivant.

Les Romains, toujours prompts à décrire le monde en termes de *mimesis* et de correspondances, ne se sont pas limités à des modélisations théoriques et à des spéculations philosophiques sur ce sujet. Ils sont persuadés que l'histoire de Rome est l'incarnation, l'hypostase de ce schéma. Il est vrai aussi – et nous y reviendrons – que, comme le dit G. Dumézil, les Romains pensent historiquement là où les Hindous pensent métaphysiquement[27] ; ils pensent nationalement et les Indiens cosmiquement. Nous en verrions une preuve supplémentaire, à propos de la « théorie des catastrophes ».

---

[26] E. Morin souligne (*L'Esprit du Temps*, Paris, Grasset, 1975, avec un brin de provocation, comme souvent chez Morin : « La valeur des vacances, c'est la vacance des valeurs ») combien ce paradigme de la fête est différent de celui de nos vacances, vécues comme un espace de repos, destiné à évacuer la tension du travail. Les vacances sont utilitaires, la fête a une dimension existentielle, elle est une manière d'être et de vivre.

[27] G. Dumézil, *La Religion romaine archaïque*, Paris, Payot, 1966, p. 123.

On repérera aisément cette propension à illustrer la théorie par l'histoire, dans les évocations du processus de la création : pour Virgile, dans l'*Énéide*, Énée, le fondateur, coïncide avec le principe même de la Création. Le courant créateur est alors une sorte de flux souterrain, qui émerge sur terre par moments, et s'incarne dans l'action des grands hommes, exactement à la façon dont une rivière souterraine peut avoir des résurgences. On comprend mieux alors pourquoi Auguste tenait, dans la liste de ses épiclèses, au titre de « second Romulus » : dans ce courant de la création, il était un des héros fondateurs, il était relié au premier fondateur par cette centralité souterraine. Bien sûr, les préoccupations de propagande ne sont pas absentes de cette thématique ; mais elle repose aussi sur un socle idéologique solide, et bien compris des Romains.

De surcroît, le héros fondateur a aussi pour mission de faire que le monde dure, que ce qu'il a créé puisse se développer. *Augustus* est de la même racine que « *augere* », « croître » ; à travers son épiclèse d'*Augustus*, l'Empereur est celui qui fait croître la cité. Dans le *Pro Sestio* (138), Cicéron écrit : « *Principes, conditores et conseruatores ciuitatis* » : « les dirigeants, garants de la fondation et de la conservation de la cité » ; et dans de *De Republica*, le célèbre passage du *Songe de Scipion* fait allusion à la vocation du *princeps* à « *ciuitates aut condere nouas aut conseruare iam conditas* », « fonder de nouvelles cités, ou garantir la conservation de celles qui ont déjà été fondées » (I, 7, 12). Le principe fondateur et celui d'homéostasie, de régulation du système sont bien associés dans un processus complexe, et attribués à l'action d'un même personnage : le « grand homme » qui fonde et incarne les valeurs de la république.

Mais comment attribuer un rôle fécond à la destruction, comment la faire participer à la régénération de l'ensemble ? Virgile nous avait bien montré, à travers la figure de Junon, et plus généralement à travers les personnages hostiles à Énée, que cette opposition finissait par servir le héros, dans la mesure où elle lui opposait une résistance stimulante : l'obstacle joue alors le rôle d'une épreuve qualifiante et s'inscrit comme une étape dans le parcours initiatique. Toutefois, personne n'est allé si loin dans ce sens que Lucain, dans la *Pharsale*.

La *Pharsale* est beaucoup moins connue que l'*Énéide* ou le *Satiricon*. C'est injuste pour Lucain, ce jeune météore de la poésie, ce Rimbaud latin, qui fut, avec Néron (effrayant condisciple...), l'élève de son oncle Sénèque, et mourut à vingt-six ans : entré dans la conjuration de Pison, il fut dénoncé, et contraint de se tuer.

La *Pharsale* est donc écrite au milieu du premier siècle après J.-C., sous le règne de Néron. L'ambiance historique a alors quelque chose de crépusculaire : on n'en est plus à la sublimation de la fondation, comme un demi-siècle plus tôt, du temps d'Auguste et de Virgile. D'ailleurs, le genre de l'épopée s'est profondément modifié en conséquence de l'évolution du *Zeitgeist*. On ne peut plus écrire une épopée aux portes de la légende, un récit comme l'*Énéide*. Pétrone, lui, change carrément de genre, et nous donne le premier roman de l'histoire littéraire : le *Satiricon*, récit problématique, mettant en scène des anti-héros. Lucain, lui, choisit d'écrire une épopée historique qui raconte une fin, et non plus une émergence ; un crépuscule, et non plus une aurore : la *Pharsale* est le récit de la guerre civile (c'est d'ailleurs le sous-titre de l'épopée de Lucain) qui, à la fin de la République, oppose Caton, Pompée et César. La guerre civile : ultime chaos, catastrophe terminale qui voit l'écroulement des forces vives de la république romaine. Mais le coup de génie de Lucain est d'avoir campé trois personnages qui sont les protagonistes à travers lesquels se jouent le drame historique et le processus de la « catastrophe » qui anéantit la République.

On sait que les Stoïciens distinguaient trois degrés ontologiques : en bas, l'ignorant, qui est dans l'obscurité et l'aveuglement ; au milieu, celui qui est sur la voie, le *proficiens* (de « *proficiscor* », « se mettre en route », « partir ») ; et en haut, dans la lumière et la sérénité, le sage. À partir de ce schéma, dans la *Pharsale*, il n'y a plus *un* héros (comme dans l'*Énéide*, où Énée cumulait sur sa personne les trois fonctions indo-européennes – prêtre-roi, commandant militaire, pourvoyeur de nourriture pour ses compagnons – avant de les redistribuer dans le Latium) mais *trois* protagonistes : Caton, César et Pompée. Caton incarne le sage, et Pompée, plus humain, plus hésitant, est la figure typique du *proficiens*. Quant à César, assurément, il n'est pas l'ignorant ; mais il incarne les forces de l'obscurité, identifiée ici avec le Mal. Il est bien le Destructeur, haï de Lucain : Lucain est républicain, et César, fossoyeur de la République romaine, symbolise tout ce que Lucain déteste. Mais le schéma catastrophiste stoïcien est, on l'a vu, finalement providentiel : César, dans sa brutalité extrême, va donc, à terme, jouer un rôle à la fois positif et nécessaire. Il est le sacrificateur, et Pompée et Caton, immolés sur l'autel de la République, sont les sacrifiés. Mais le sacrifice peut s'accomplir. À sa manière, César joue son rôle dans le devenir de Rome : en mettant un terme au cycle républicain, devenu épuisé, il permet de passer à autre chose. Rome tuée par César peut renaître sous une autre forme.

César est donc le grand Dissociateur, et, étymologiquement parlant, le diable, du grec « *diabolê* », la séparation. La catastrophe passe par la disjonction. Les mouvements dominants de la *Pharsale* transcrivent cette séparation des chemins. Dans l'*Énéide*, Énée rassemblait ce qui était épars, et tous les chemins convergeaient lentement vers un centre : le futur site de Rome. Dans la *Pharsale*, les lignes de force sont

— la séparation, et les forces centrifuges. L'*Énéide* commençait à l'étranger, et se terminait à Rome, dans un mouvement centripète. La *Pharsale* commence au centre, à Rome, et se termine à la périphérie, à l'étranger ;

— la fuite et la poursuite, qui sont (comme d'ailleurs dans le *Satiricon*) l'inversion de la quête. Énée progressait, Pompée fuit devant l'avancée de César. C'est sans doute une fuite stratégique, mais c'est une fuite quand-même. Revenu de Gaule, César cherche à empêcher Pompée de gagner Brindes, et de s'embarquer pour l'Épire. Faute d'y parvenir (pour une fois, sa *celeritas* est prise en défaut), César repasse à Rome, où il pille l'*aerarium*, le trésor public (autre catastrophe, financière, celle-ci : « et pour la première fois, Rome fut plus pauvre que César »), et part pour Marseille et l'Espagne, en attendant l'été qui lui permettra de traverser enfin l'Adriatique. La Méditerranée est sillonnée par cette chasse, ces orbes démesurées de la fureur de César : courses de carnassier frustré qui ronge son frein et se rabat sur du menu fretin, sans cesser de surveiller sa proie qui se dérobe. Au centre de ces cercles de mort qui conduisent César d'Est en Ouest, puis à nouveau vers l'Est, Rome, terrifiée, retient son souffle et attend. On le voit, Lucain a complètement inversé la situation épique traditionnelle, en même temps que la symbolique spatiale, en plaçant la *Pharsale* sous le signe de la séparation et de la disjonction, et non pas de la convergence et de la réconciliation ; sous le signe du tourbillon centrifuge, et non pas centripète. C'est la marque de la catastrophe : les routes, les lignes de force s'inversent, le sens se perd et se pervertit.

Devant cette désagrégation, Caton, le sage stoïcien, apporte une réponse. Mais il ajoute une catastrophe à une autre. La voie stoïcienne qu'il choisit est révélatrice de l'impossibilité de ce monde à sortir de son drame. Au contraire, la solution de Caton accentue encore le mal. Faute de pouvoir se relier, il se raidit dans une attitude héroïque admirable mais stérile. Nous retrouvons bien le choix stoïcien, qui est essentiellement refus : refus des passions, refus de se donner, refus de la compromission. Pour échapper à la catastrophe, Caton s'isole. Cela l'enferme un peu plus dans sa solitude. Derrière cette recherche de la pureté absolue, il y a peut-être, secrètement, une fascination pour la stérilité. Caton choisit la ligne droite, la marche en avant obstinée, et symbolisée par le splendide et effrayant récit de sa traversée du désert de Libye (*Pharsale*, IX, 368-937). Faute de pouvoir négocier la catastrophe qui arrive, on se fait anéantir par elle. Dans cette crise où l'homme n'est plus en harmonie avec le monde, c'est la nouvelle forme du voyage initiatique : le voyage jusqu'au bout de soi-même, une sorte de chemin de croix (car Caton est la victime, et César est le bourreau), assumé peut-être avec une secrète complaisance (comme la « folie de la croix » de Polyeucte) : ce raidissement radicalise et « verticalise » extraordinairement le rapport au cosmos, à l'inverse de la *métis* d'Énée et d'Ulysse, qui se caractérisaient par une adaptation souple au monde et un tissage complexe.

Et c'est la catastrophe finale. Elle prend, comme chez Sénèque (cf. *supra*, mais dans un contexte historique, et non cosmique) la forme d'une ultime conflagration, d'une subversion de tous les éléments qui s'insurgent pour engloutir le héros. Caton s'engage avec son armée dans le désert de Libye, qui inspire la terreur à tout le monde antique. Il s'y enfonce comme dans un four, destiné à le consumer et à le tremper à tout jamais. Suicide, sacrifice, baroud d'honneur. Le vent de sable se lève. Caton et son armée continuent, dans un monde stérile, mouvant Le désert devient omniprésent, il envahit tout, entoure tout d'un linceul mortel. Caton marche toujours, seulement pour se prouver qu'il peut encore avancer. Il ne va pas quelque part, il marche. Il y a sans doute une sombre satisfaction pour le philosophe stoïcien à être seul dans cette apocalypse. C'est par cet acte presque inhumain que Caton entend laisser une trace de son passage sur terre. C'est alors que sortent du sol des serpents, qui piquent les soldats. Les effets sont terribles. Pour certains, le poison est feu : ils s'embrasent littéralement. D'autres se liquéfient. D'autres encore gonflent monstrueusement. Tous les éléments sont unis dans cette scène baroque : l'eau, le feu, l'air et la terre (le sable du désert) conspirent à éliminer de la terre l'armée de Caton, c'est tout le cosmos qui l'expulse dans un rejet mortifère. Dans cette scène baroque (dont il s'en faut d'ailleurs de peu qu'elle ne bascule dans le ridicule), Lucain réussit à toucher au sublime, par un imaginaire de la catastrophe véritablement cosmique et élémentaire.

Il est fascinant d'observer dans cette vision, qui est à la fois celle d'un poète et celle d'un philosophe stoïcien, la contradiction entre une vision finalement optimiste du monde (la doctrine selon laquelle la catastrophe prépare la régénération) et ce secret désir de solitude et d'anéantissement absolu, par un sacrifice, un arrachement gnostique de l'être au monde, dans une disjonction insoutenable[28]. Comme presque tous les Stoïciens, Lucain pense que l'on est arrivé à la fin d'un cycle, à l'ultime catastrophe. On en voit des signes non ambigus dans la chute de la République et les malheurs de Rome. C'est ainsi que le destin corrige un déséquilibre venant de la trop grande prospérité des Romains, victimes d'une forme d'« oubli de l'être ». Derrière cette idée, nous retrouvons l'ensemble de la « théorie des catastrophes » : des alternances président à toute création. Celle-ci ne peut s'élaborer qu'à travers une « respiration » cosmique, suite de mouvements homogénéisants et hétérogénéisants, constructeurs et destructeurs. L'*Énéide* se situait dans une phase de construction. La *Pharsale* coïncide avec une phase de destruction. Mais le tout s'équilibre, et Rome ne peut se créer que dans cette complémentarité des contraires.

[28] C'est toute l'hésitation stoïcienne entre les deux topiques de la *transformatio mundi* et de la *fuga mundi* (le suicide). Après avoir cru en la *transformatio mundi* (il fut le précepteur de Néron), Sénèque a longtemps hésité, avant de choisir la *fuga mundi*.

C'est bien alors une forme de dialectique (ou plutôt de système complexe) qui unit les trois personnages centraux de la *Pharsale* autour de cette topique de la catastrophe. De même qu'Énée était le Fondateur élu par le *fatum*, de même César a été choisi par le destin pour jouer le rôle de sacrificateur dans l'expiation collective des Romains. Pompée et Caton, eux, sont secrètement unis à César dans un tragique et mortel rapport de complémentarité, celui de la plaie et du couteau : ils sont les victimes expiatoires destinées à être immolées par lui, en même temps que la République, dont ils sont le symbole. Ainsi, le sacrificateur et la victime seraient liés, à travers même la mort, dans un acte sacrificiel générateur de vie.

Les avatars de la catastrophe dans la mythologie

Lorsque nous évoquons le corpus mythologique, à travers la tragédie, la poésie et l'épopée, nous retrouvons le même schéma, tendant à associer la cata-strophe à son propre dépassement. Simplement, nous changeons de paradigme, et d'angle de perspective. Nous ne sommes plus dans des vues cavalières, celles de la philosophie ou de l'histoire ; nous entrons dans la psyché des individus et dans les histoires individuelles. Il est intéressant de constater que, à ce niveau aussi, la perception de la catastrophe reste la même, et s'inscrit dans les mêmes processus. L'événement catastrophique contient en lui-même les possibilités de son propre dépassement ; il ouvre à une autre dimension.

Oui, mais comme il est dit dans la Bible, par la bouche de l'Éternel : « Je tue et je fais vivre » (*Deutéronome*, 32, 39). Tout événement catastrophique est, d'abord, potentiellement mortifère pour celui qui le vit. Et il peut en rester à ce stade. C'est toute l'histoire de la tragédie grecque : contre l'obstacle qui déclenche une catastrophe, le héros tragique se fracasse et il est anéanti. C'est même ce qui distingue le héros tragique du héros de l'épopée initiatique : là où le premier meurt, le second développe des forces lui permettant non pas d'esquiver l'épreuve (car la quête deviendrait alors perverse), mais de l'affronter et d'en triompher, et ainsi de se surpasser lui-même. Pour lui, l'épreuve, à la fois sous ses formes collectives (génocide, extermination, massacre, chute de Troie) et individuelles (on pense à la dépression d'Énée, qui a perdu tout ce qu'il aimait, au début du livre I de l'*Énéide*, et qui ne voit pas ce qui le rattache à la vie : son épouse, sa famille, sa patrie n'existent plus). Mais c'est cette *tabula rasa* qui permettra à l'exilé de repartir, et de fonder Rome comme une *Troia melior*, une seconde Troie, meilleure que la Troie originelle. C'est au moment où Énée coule et touche le fond qu'il trouve la force de donner le coup de pied qui le ramène à la surface. Mais il ne pouvait pas faire l'économie de cette noyade psychologique. Elle faisait partie de son apprentissage initiatique. La catastrophe surmontée devient épreuve qualifiante.

Si l'on considère maintenant la poésie lyrique, et plus particulièrement celle d'Ovide, il est un thème qui nous semble s'inscrire particulièrement bien dans la « théorie des catastrophes », telle que nous l'avons analysée jusqu'ici. C'est le thème de la *métamorphose*. En effet, chez Ovide, la métamorphose est toujours une « catastrophe » au sens étymologique, puisqu'elle est une subversion complète de la personne, un changement de sa forme et de son état ontologique. En même temps, elle est associée à un passage de la vie à la mort. Mais, le plus souvent, la métamorphose permet à l'individu de changer de statut ontologique, et de sortir d'une vie misérable et tragique, ou obérée par un problème insurmontable, pour accéder à une autre dimension : celle de l'entrée dans la mémoire, et en même temps de l'immortalité. Par la métamorphose, le héros ovidien sort de l'entropie et entre dans la néguentropie. Son nouvel état cristallise la situation antérieure, et il la dépasse en même temps, dans une esthétique du monument, du « tombeau » dont l'épitaphe rappelle symboliquement et à tout jamais ce que furent sa vie et son histoire.

Lorsque Hyacinthe meurt, il se transforme en une fleur, qui porte gravé sur ses pétales le dernier cri, AI, qu'il poussa lorsqu'il tomba, frappé par le disque lancé par Apollon, lors d'un tragique exercice sportif.

De même, Pyrame et Thisbé, les amants tragiques de Babylone, dont l'histoire préfigure celle de Roméo et Juliette, trouveront la paix après la cata-strophe qui les frappe, et au cœur de cette catastrophe elle-même. On connaît l'histoire : ayant décidé de quitter leurs familles respectives qui, brouillées, leur interdisent de se voir, ils conviennent d'un rendez-vous nocturne sous un murier, hors des murs de la cité. Lorsque Thisbé arrive, elle voit une lionne ; effrayée, elle s'enfuit, et perd son voile, que la lionne dévore et souille de sa gueule sanglante (elle avait déjà dû prendre son repas du soir). Lorsque Pyrame arrive à son tour, il reconnaît le voile de Thisbé, abandonné sur le sol, et ensanglanté. Pour lui, c'est la catastrophe, et la fin de son univers : Thisbé est morte. Il se perce de son épée ; Thisbé revient alors, trop tard (ironie tragique), et se donne à son tour la mort sur le corps de son amant, avec la même épée. C'est alors qu'intervient le processus de métamorphose : le sang de Pyrame avait jailli jusque sur les fruits du mûrier (cet épisode, qui relève presque de la plomberie, aurait pu friser le ridicule, mais là, il accède au sublime). Jusqu'ici, les fruits du mûrier étaient blancs ; désormais, ils seront rouges, et c'est ainsi que la mémoire des amants malheureux passera à l'éternité, chaque année, lorsque les mûres pousseront avec leur nouvelle couleur :

« Car le fruit, parvenu à maturité, prend une couleur rouge sombre, et ce qui reste de leurs bûchers repose dans la même urne. » (*Mét.* IV, 165-166)

On pourrait multiplier les exemples. Dans toutes ces évocations poétiques de mort catastrophique suivie d'une transformation, la métamorphose fait sortir l'individu de la contingence, de l'anecdotique, et hisse sa vie au rang de la légende, en même temps qu'elle en immortalise les derniers instants dans une inscription à la fois florale et funéraire, qui est éternelle, comme la nature dans laquelle elle s'insère, et comme les cycles de l'éternel retour qui la font échapper à la flèche du temps. Elle apparaît bien comme le dépassement ultime de la catastrophe mortifère, dans la mesure justement où elle est une forme d'échappatoire à la mort.

Si nous élargissons le débat aux théories de la complexité, et à la notion d'émergence, comme dépassement des composantes initiales qui constituent un processus créatif, nous pourrions dire que, dans l'imaginaire antique, la catastrophe fonctionne comme une émergence : elle est plus que ce qu'elle semble annoncer[29]. Précisément, elle semble mortifère, et en fait, elle est vivifiante. Son sens caché est au-delà de sa propre représentation immédiate. Ceci est vrai à tous les niveaux de description : philosophique, historique, et poétique. Que la société antique considère l'homme dans une perspective ontologique, métaphysique, sociétale, historique ou psychologique, ou à travers un discours poétique, la catastrophe est toujours perçue comme plus que ce qu'elle signifie immédiatement. Elle ouvre et ferme à la fois, ou plutôt l'ouverture régénérante est en filigrane dans la fermeture mortifère, conciliant à la fois ouverture et fermeture[30]. Pour prendre une métaphore théâtrale, la catastrophe est jouée sur la scène, elle est l'apparence du sens, mais la réalité de l'action se joue autour et derrière la scène, en coulisses. On a vu que les choses se compliquent avec les Stoïciens, lorsqu'une part de la pensée stoïcienne aspire à une forme de destruction et d'anéantissement. La catastrophe a alors un double visage : dans la mesure où elle s'inscrit dans un système cosmique, elle est vivifiante, et elle ne précipite dans la mort que pour en mieux ressortir. Mais, en surdétermination, elle peut aussi se colorer d'une *Nachtseite*, et être en même temps, pour l'individu qui la

---

[29] Pour replacer cette analyse dans un contexte plus général, cf. J. Thomas, *L'imaginaire de l'Homme romain. Dualité et complexité*, Bruxelles, Latomus, 2006.

[30] L'imaginaire antique de la catastrophe vérifie donc la définition d'un système auto-organisé, en clôture opérationnelle, spécifié à la fois de l'intérieur et de l'extérieur. Sur ce point, cf. *Introduction aux méthodologies de l'imaginaire* (J. Thomas dir.), Paris, Ellipses, 1998, p. 161-164.

pense, un gouffre noir, une aspiration au suicide et au néant. Avec son « Je sais bien...mais quand même... », la psychanalyse nous a appris que les deux postulations n'étaient pas exclusives l'une de l'autre. Dans tous les cas, on le voit, la catastrophe, telle qu'elle perçue dans l'Antiquité, vérifie bien la définition d'un système complexe. De même qu'il existe une actualité de l'Antiquité, de même aussi, inversement, nous pouvons mieux relire et comprendre les concepts de la pensée antique à la lumière de nos avancées anthropologiques contemporaines. Il y a plus : si l'on en croit les chercheurs de Google, nos cerveaux pourront bientôt se voir adjoindre des prothèses d'intelligence artificielle, qui feraient de nous des mutants, des êtres hybrides. L'intelligence artificielle, en se développant, pourrait alors prendre le pas sur l'intelligence humaine, et, en se répandant dans l'univers, elle pourrait même avoir le contrôle de tout le processus. Sur cette base, l'humanité ne serait qu'une étape, un moyen, un instrument créé pour développer une intelligence artificielle encore plus sophistiquée qu'une intelligence biologique, et capable de s'adapter aux changements cosmiques qui provoqueront la fin de la vie biologique. Le grand ordinateur universel serait alors à même de recréer le même univers, pour que tout puisse à nouveau exister : avec leur Grande Année, les Anciens avaient une vision prémonitoire, et leur théorie des catastrophes ne nous éclaire pas seulement sur notre temps : elle prédit peut-être et anticipe ce qui nous attend.

DEUXIÈME PARTIE

La construction de la psychè humaine, dans une polarisation entre le Haut et le Bas

LES FIGURES DU HÉROS

Caelum non animum mutant qui trans mare currunt

« Ils changent de ciel, mais pas d'âme, ceux qui courent au-delà des mers. »

(Horace, *Épîtres*, I, 11, 27)

Pascal disait que l'homme n'est ni ange ni bête. L'homme gréco-romain se voit comme émergeant de la bête pour tendre vers l'homme. En ceci, il est fondamentalement platonicien, ou plutôt, la pensée de Platon s'inscrit dans un schéma organisateur triparti : esprit, âme et corps. L'esprit immortel présent dans l'homme, et son corps matériel, communiquent par l'intermédiaire de sa psyché, qui participe des deux. Sur cette base ontologique, les récits mythiques seront l'histoire de cette relation, et de la lutte de l'homme pour émerger de sa bestialité et se relier à la spiritualité qui est en lui. Ce mouvement émergent, c'est le grand dynamisme organisateur de la mythologie classique. Autour de lui gravitent les constellations des personnages, regroupés en familles, dans un chaos de vie souffrante et turbulente d'où émerge lentement une forme d'organisation, avec les ruptures, les failles, les tragédies qui vont avec. Axialité polarisée entre le haut et le bas ; circularité d'un mouvement spiralé associant le centre et la périphérie : nous tenons là les deux grands moteurs de ce que nous appelons le « système mythologique ». Cette vaste tragi-comédie est le creuset où se fonde l'aventure humaine, elle est à la fois émouvante, pitoyable et exemplaire ; et nous verrons qu'elle est beaucoup plus organisée qu'il n'y paraît au premier abord. Ce qui semble d'abord être une suite de récits séparés et de vies emportées par le chaos et le hasard, se révèle très construit, et comme régi par une trame secrète dont nous essaierons de faire apparaître le sens.

Le héros des mythes gréco-romains émerge donc dans une double postulation, vers le haut et vers le bas. Son combat sera de s'arracher à la bête et de se relier à l'esprit qui est en lui. Le couple Héraklès-Prométhée est paradigmatique à cet égard. Le héros issu du monde des hommes monte sur le Caucase pour délivrer le Titan (d'origine divine) déchu et « tombé » : la rédemption de Prométhée passe par l'assomption d'Héraklès. Le monde divin descend vers l'homme, tandis que l'homme monte vers la divinité. Mais avant de monter, il faut éviter de tomber. Les projets héroïques ont d'abord leur contrepoint, sous forme d'une angoisse : la hantise de la chute, qui symbolise la régression dans les zones pulsionnelles de la psyché, voire dans l'animalité, la bestialité. Ces récits de l'échec sont en même temps des avertissements : « Voici ce qu'il ne faut pas faire ». Ils prennent deux formes : le risque – et le châtiment – de l'exaltation (avec les mythes d'Icare, de Tantale, de Phaéthon, d'Ixion, de Bellérophon et de Persée), et son inverse, le risque de la « banalisation » selon P. Diel, ou l'« oubli de l'Être », pour reprendre l'expression de Heidegger.

Le danger de la chute[1]

La chute causée par l'hybris et l'exaltation

C'est le cas le plus fréquent : le rêve de vol, transposition symbolique de l'élan vers le sublime, s'inverse en phantasme de chute, par suite de la perversion de l'action héroïque. Elle renverse elle-même sa dynamique, et transforme son ascension spirituelle en tentative de conquête des valeurs de l'esprit par des forces pulsionnelles et régressives. La bête assoupie se réveille dans le héros, et condamne son entreprise.

Icare

Sources : Ovide, *Métamorphoses*, VIII 183 sq. – Virgile, *Énéide* VI 14 sq.
Iconographie : Bruegel, Jacob Peter Gowy, Saraceni

Le mythe d'Icare est paradigmatique de cette hantise de la chute, consécutive à l'*hybris* et à l'exaltation. Dédale, le père d'Icare, avait construit le Labyrinthe, à la demande de Minos, le roi de Crète, pour y enfermer un monstre, le Minotaure, mi-homme mi-taureau (dont nous reparlerons à propos de Thésée). Poséidon avait offert à Minos un taureau blanc. Mais Minos ne tient pas sa promesse de le lui sacrifier. Alors, Poséidon jette un sort à Pasiphaé, l'épouse de Minos, qui tombe amoureuse du taureau, et persuade Dédale de construire pour elle une génisse en osier, afin de lui permettre de consommer son amour zoophile. De cette union monstrueuse naîtra le Minotaure. Furieux, Minos fait emprisonner Dédale et son fils Icare dans le labyrinthe que l'architecte avait construit pour enfermer le Minotaure. Mais Dédale l'ingénieux invente une machine volante : des sortes d'ailes dont il équipe son fils et lui-même pour s'évader[2]. Dédale avait bien mis en garde le jeune Icare : il ne

[1] Les pages qui suivent doivent beaucoup au livre de P. Diel, *Le symbolisme dans la mythologie grecque*, Paris, Payot, 1968.

[2] Cf. là-dessus, J. Thomas « *Mirabilia*. Tropismes de l'imaginaire antique », in *Mirabilia. Conceptions et représentations de l'extraordinaire dans le monde*

faut voler ni trop bas (pour ne pas tomber), ni trop haut (pour que la chaleur du soleil ne fasse pas fondre la cire qui sert de colle aux ailes). On retrouvera sans peine les principes de l'*aequilibritas* et de la *mediocritas* : le juste milieu est affaire d'harmonie, et c'est lui qui garantit la trajectoire équilibrée[3]. Mais Icare ne résiste pas à l'*hybris* : grisé par son merveilleux jouet, il monte trop haut, la cire fond, il tombe, et meurt noyé dans l'océan, symbole des forces inconscientes et régressives qui l'absorbent jusqu'à faire disparaître toute trace de sa personne ; cette hantise de la noyade, de la perte de cohérence du moi, était une des grandes craintes de l'imaginaire antique, en particulier parce que les noyés ne pouvaient avoir de sépulture, et que les rituels accompagnant le trépas ne pouvaient leur être donnés. Le rêve de vol s'est transformé en son inverse : la tragédie de la chute. En croyant aller au plus haut, Icare tombe au plus bas. Son *hybris* exaltée l'a ramené à la pire indifférenciation, la perte dans une masse informe. Au rêve d'émergence succède l'engloutissement. Cette scène est bien perçue comme un avertissement, puisqu'elle sera montrée à Énée, en exemple de ce qu'il faut éviter, lorsque celui se prépare à la Descente aux Enfers, au VIe livre de l'*Énéide* (v. 9-33).

Tantale

Sources : Ovide, *Métamorphoses*, IV 458 sq.

L'histoire de Tantale va encore plus loin sur le même thème. Tantale, qui avait l'amitié des dieux, mangeait à la même table qu'eux, et partageait leur nourriture, le nectar et l'ambroisie, ce qui, on l'a vu, est interdit aux mortels. Il en concevait de l'orgueil, et se laissa aller à une suite de méfaits inspirés par l'*hybris* : d'abord, il vole la nourriture des dieux (cela nous rappelle Prométhée leur volant le feu) ; puis il commet un plus grand forfait : sans doute pour éprouver la clairvoyance des dieux, il les invite à un banquet où il leur sert un ragoût agrémenté des meilleurs morceaux de son fils, Pélops, tué et démembré pour la circonstance. Mais les dieux s'en aperçoivent (on sait que Zeus a la *métis* : rien ne lui échappe), sauf Déméter (la plus « tellurique » des dieux), qui mange un morceau d'épaule, avant d'être détrompée. La faute de Tantale,

---

antique (Ph. Mudry dir.), Actes du colloque international de Lausanne (20-22 mars 2003), Bern, Peter Lang Éditions, 2004, p. 1-13, et M. Dancourt, *Dédale et Icare. Métamorphoses d'un mythe*, Paris, 2002.

3 Cf. J. Thomas, « Deux figures de l'imaginaire gréco-romain : l'acrobate et le plongeur », in *Études sur l'imaginaire. Mélanges offerts à Claude-Gilbert Dubois* (G. Peylet dir.), Paris, L'Harmattan, 2001, p. 77-89.

son *hybris*, c'est d'avoir voulu abdiquer complètement sa condition terrestre, de prétendre être un dieu parmi les dieux, de les juger, de les comprendre, et de ne pas être seulement leur invité. C'est aussi de vouloir que la chair se fasse esprit : c'est ce qu'il tente monstrueusement de réaliser en faisant absorber la chair de son fils par les dieux. En même temps, Tantale aime secrètement ses désirs charnels (son « fils »), et, bien qu'il les « tue », qu'il les refoule, il demeure persuadé qu'ils sont une nourriture délicieuse. Ne pouvant s'élever au niveau des dieux, il inverse le processus spirituel, et il tente de les abaisser à son niveau, en sublimant la matière symbolisée par la chair humaine (c'est peut-être pour cela que seule Déméter, déesse de la terre, de la chair et des fruits de la terre, s'était laissé tromper, car elle était plus vulnérable sur ce point). Tantale a oublié que l'homme aspirant à la spiritualité conserve ses limites, qu'il n'est pas à même d'être, à chaque instant de sa vie, l'invité des dieux. Il faut qu'il sache redescendre sur terre, quitter le Nirvâna, assumer son destin humain et accepter ses désirs terrestres et ses besoins corporels. La projection vers le divin qui se laisse griser sans retenue ne conduit qu'à la folie : c'est le sens du mythe de Tantale.

Les dieux ressuscitèrent Pélops, et lui greffèrent une épaule d'ivoire, pour remplacer celle que Déméter avait mangée. Quant à Tantale, ils le jetèrent de l'Olympe dans le Tartare (chute qui n'est pas sans rappeler celle d'Icare). Tantale, qui a transgressé les principes alimentaires en même temps que la loi divine, en commettant un des crimes les plus abominables, l'infanticide, sera châtié par une faim et une soif éternelles : il voit des fruits, mais il ne peut les atteindre ; il est plongé dans l'eau, mais ne peut boire. Son imagination exaltée, qui l'a conduit à la folie meurtrière, n'engendre que des phantasmes, des hallucinations, et elle repose sur des valeurs perverses.

Mutatis mutandis, on pourrait rapprocher le mythe de Tantale de la figure judéo-chrétienne de Satan[4]. Satan, l'esprit déchu, a voulu, comme Tantale, se faire l'égal de Dieu. Comme Tantale, il est banni du ciel, et précipité en Enfer. Mais la culture grecque n'a pas la sainteté comme idéal, elle la considère même comme une manifestation de l'*hybris*. C'est à cause de cette différence fondamentale que le héros grec reste une apparition singulière et individuelle, tandis que dans le mythe judéo-chrétien, l'Ange déchu symbolise le principe du Mal. Le mythe grec ignore la vision de l'état d'élévation parfaite, ce qui lui enlève la perspective totale de la chute et du mal, chère à Bernanos. Il se contente d'exprimer

---

[4] On pourrait aussi rapprocher le mythe de Tantale de l'histoire biblique d'Abraham. Lorsqu'Abraham s'apprête à sacrifier son fils, un ange lui rappelle que le seul sacrifice valable est la purification de l'âme de toute exaltation vaniteuse. Cette purification est symbolisée par le bélier qui prend la place de l'enfant.

l'horreur que, par rapport à son idéal d'harmonie, lui inspire le désir d'une élévation insatiable, qui ne peut être suivie que par la chute la plus profonde qui soit.

Phaéthon

Sources : Ovide, *Métamorphoses*, II 19 sq.

Le mythe de Phaéthon est proche de celui d'Icare. C'est Ovide qui l'a admirablement raconté (*Mét*. II, 19 sq.). Phaéthon est un fils d'Hélios, le dieu du Soleil. Élevé par sa mère, Clymèné, il était dans l'ignorance de l'identité de son père, jusqu'à ce que sa mère la lui révèle. Il rend visite à son père, et, dans sa joie de le revoir, celui-ci accède, non sans hésitations, au souhait du jeune homme : pouvoir piloter le char du Soleil. Après moult recommandations, il lui confie les rênes ; mais Phaéthon est incapable de guider le char : il monte trop haut, et risque de créer une collision avec les planètes, puis il descend trop bas, et risque d'incendier la terre, au lieu de la fertiliser par une chaleur modérée. Pour éviter une vaste conflagration, Zeus est obligé de le foudroyer, et de le précipiter dans le fleuve Éridan. On retrouve, comme dans la légende d'Icare, un récit en forme d'avertissement : la *mediocritas*, la voie moyenne, et l'*aequilibritas*, la voie maîtrisée, sont les seuls chemins, l'excès est toujours mortifère. De surcroît, ce sont l'*hybris*, l'orgueil et la confiance excessive dans ses possibilités, qui provoquent la catastrophe : celui qui veut monter trop haut se retrouve au plus bas. Le paradoxe est terrible : on ne peut pas se passer de l'aspiration au sublime, mais en même temps, le sublime est inatteignable ; la seule approche en est prudente, mesurée, et nécessairement imparfaite. Comme dans la figure alexandrine du *paraklausithuron*, du « chant devant la porte fermée », l'homme est condamné à savoir que le sublime existe, à avoir un désir inextinguible de le connaître, mais en même temps, il ne peut que l'entrevoir.

Ixion

Sources : Pindare, *Pythiques* II, 39 – Sophocle, *Philoctète,* 679 sq.

L'histoire d'Ixion est à rapprocher de celle de Tantale, mais ce qui, chez Tantale, était vécu sur le plan d'un symbolisme digestif est ici transposé sur le plan sexuel. Ixion, roi de Thessalie, et admis dans l'intimité de Zeus, tombe amoureux d'Héra, et cherche à la séduire. La faute d'Ixion, comme celle de Tantale, est de ne pas avoir compris que son statut d'invité des dieux ne l'autorisait pas à des privautés, où il se considérait implicitement comme l'égal de ses hôtes. Mais il ne réussit à posséder qu'un fantôme, un simulacre d'Héra créé par Zeus (dont on sait qu'il a la *métis*, et que rien ne lui échappe). De cette union monstrueuse seraient nés les Centaures. Pour le châtier, Zeus le précipite dans le Tartare, où il tourne éternellement, attaché à une roue enflammée[5], symbole de son impuissance à s'élever spirituellement, et à maîtriser sa perversion.

Bellérophon

Sources : *Iliade*, VI 155-226 – Pindare, *Olympiques*, XII, 87 sq.

Opéra : Lully, *Bellérophon* (1679).

L'histoire de Bellérophon est en quelque sorte l'antitype des schémas héroïques classiques : la geste héroïque de Persée, ou celle d'Héraklès. Au début, tout va bien. Comme Thésée, Bellérophon est d'ascendance divine. Il est le fils de Poséidon, mais il a été élevé par celui qui passe pour son père, le roi Glaucos, fils de Sisyphe. Il accomplit un premier exploit en domptant Pégase, un animal merveilleux, un cheval ailé né du sang de la Gorgone. Victime d'une machination, et pour échapper à la mort, Bellérophon est contraint par le roi de Lycie d'accomplir un exploit : tuer la Chimère, un monstre qui ravageait le pays. Chevauchant Pégase, il débarrasse la Lycie de la Chimère. Mais c'est là que les choses se gâtent : après une période faste où il règne sur le royaume, il se pervertit, et, toujours monté sur Pégase, il se lance à l'assaut de l'Olympe. Zeus envoie un taon, qui pique Pégase, et le cheval désarçonne son maître, qui tombe de l'Olympe et se tue.

On remarquera que, avec le temps, le mot « chimère » désigne non plus un monstre dévorant, mais les vaines créations de l'imagination. C'est dans ce sens que l'emploient Nerval, dans ses *Chimères*, puis Baudelaire dans son poème en prose *Chacun sa chimère*. Ce n'est plus le héros qui chevauche Pégase pour affronter la Chimère, c'est l'homme qui est chevauché par la Chimère, par sa chimère, et qui est écrasé par elle :

> « Sous un grand ciel gris, dans une grande plaine poudreuse, sans chemins, sans gazon, sans un chardon, sans une ortie, je rencontrai plusieurs hommes qui marchaient courbés.

---

[5] Un châtiment qui rappelle celui des Danaïdes, ou celui de Sisyphe.

Chacun d'eux portait sur son dos une énorme Chimère, aussi lourde qu'un sac de farine ou de charbon, ou le fourniment d'un fantassin romain.

[...] Ils cheminaient avec la physionomie résignée de ceux qui sont condamnés à espérer toujours.

Et le cortège passa à côté de moi et s'enfonça dans l'atmosphère de l'horizon, à l'endroit où la surface arrondie de la planète se dérobe à la curiosité du regard humain. »

L'échec par banalisation et renoncement au projet héroïque

« La vie normale, où la négligence émousse le désir. »

(Proust, *Textes retrouvés*, Paris, Gallimard, 1971, p. 337)

Mais il est une forme plus insidieuse et moins spectaculaire d'échec de la tentative héroïque. Elle prend la forme de ce que P. Diel appelle la banalisation : le renoncement à l'ascèse, l'oubli de l'engagement spirituel et des valeurs qui motivent le héros : ce que Heidegger appelait l'« oubli de l'Être ». Quand l'homme oublie l'esprit, exalte ses désirs vers la matière, il tombe dans une sorte de sous-tension psychique. Cette tentation de la banalisation prend alors deux formes essentielles :

— un des aspects du « divertissement » pascalien : l'absorption dans des tâches répétitives, ou dans une vaine agitation.

— la dissolution de la personnalité dans le collectif. La vie de l'individu, dépourvue de toute direction intérieure, se règle alors sur les conventions sociales. Elle se ramène à la *persona* de C.-G. Jung. Elle est complètement déterminée par le milieu ambiant : la peur du scandale, l'angoisse devant l'opinion des autres. On en a un bon exemple dans la figure du bandit Procruste, qui torturait ses victimes en les attachant sur un lit, puis rectifiait les corps, en coupant les membres qui dépassaient, ou en étirant ceux qui étaient trop courts : il met tout à l'aune d'une même mesure.

Le couple monstrueux formé par Charybde et Scylla pourrait aussi évoquer la complémentarité de l'*hybris* et de la banalisation. Selon le schéma durandien, Scylla, qui déchire ses victimes et les démembre, relève bien sûr d'un imaginaire « héroïque » schizoïde, relevant de l'opposition et de la séparation. Quant à Charybde, qui les avale, il évoque la noyade et la perte dans l'indifférenciation de la matière. Dans les deux cas, l'être humain est détruit.

Midas

Sources : Ovide, *Métamorphoses*, IX 443 sq. – Virgile, *Énéide* X 142.
Iconographie : Poussin, *Midas*.

L'histoire de Midas est la meilleure illustration de cette symbolique de la banalisation. Midas était roi de Phrygie. Silène, un des membres du cortège de Dionysos, avait été fait prisonnier par des paysans, qui l'amenèrent à Midas. Celui-ci le reconnaît, et le fait libérer. Pour le remercier, Dionysos lui accorde un vœu. Midas demande assez sottement que tout ce qu'il touche se transforme en or (marquant bien par là son attachement aux valeurs matérielles). Il ne tarde pas à se rendre compte de la stupidité de sa demande : il ne peut plus manger, il ne peut plus boire, sa vie est un enfer. Il regrette alors son erreur, confesse son repentir. Dionysos, bon prince, lui accorde d'être délié de son vœu, en se lavant dans le fleuve Pactole (dont le sable se chargea en or, d'où l'emploi métaphorique de ce nom). Mais rapidement, Midas commet une deuxième erreur : Ovide nous raconte (*Mét.* XI, 85 sq.) que, sollicité pour être juge dans un concours musical entre Pan et Apollon, il préfère la rustique flûte de Pan à la lyre d'Apollon, contre l'avis des Muses ; il n'a rien appris de sa première infortune, et il est toujours incapable d'un jugement fiable, il ne sait pas discerner la valeur des choses ; son problème est bien celui d'une « banalisation » qui met tout sur le même plan, et qui est incapable de reconnaître la qualité, le talent ou le génie quand ils se présentent. Apollon ne le prend d'ailleurs pas plus au sérieux que ne l'avait fait Dionysos, et, pour son châtiment, l'oblige seulement à porter des oreilles d'âne. Midas est confondu de honte et, redoutant les moqueries et le qu'en dira-t-on, il cache ses oreilles sous un bonnet phrygien. Il a seulement oublié que, dans l'Antiquité, le bonnet phrygien est (entre autres significations : de façon générale, il est le signe d'une « libération ») le symbole de reconnaissance des débauchés : voulant cacher une faiblesse, il aggrave son cas par l'exhibition triomphante d'un vice. En quelque sorte, Midas aurait inventé ce que nous appelons un complexe : en voulant cacher un détail physique ou un trait de caractère que personne ne remarque, mais qui l'obsède, il attire sur lui l'attention de tous. Une variante nous dit la même chose sous une autre forme : accablé par cette tare trop lourde pour lui, Midas l'aurait confiée à la Terre, en creusant un trou dans le sol pour enfouir son secret ; mais les roseaux plantés alentour bruissent de sa confession, et répètent à l'envi « Le roi Midas a des oreilles d'âne » : ce refoulement produit un effet inverse de ce que souhaitait Midas, puisqu'il le conduit finalement à une attitude exhibitionniste révélatrice de sa tare. Les roseaux sont aussi un symbole de la *fama*, de la rumeur (nos fameux « réseaux sociaux »...), qui, comme le vent dans les roseaux, amplifie et propage à l'infini ce qui, au début, était imperceptible ou insignifiant.

Œdipe

Sources : *Odyssée* XI 271 sq. – Sophocle, *Œdipe roi ; Œdipe à Colone.*

Interprétations : Freud, *Die Traumdeutung* (« L'Interprétation des rêves »), 1900.

Opéra : Stravinski, *Oedipus rex*, 1927 (texte de J. Cocteau, en latin)

Iconographie : Ingres, *Œdipe et le Sphinx* ; Gustave Moreau, *Le Sphinx deviné.*

Cinéma : Pasolini, *Œdipe roi*

Nous placerons Œdipe dans la même galerie de portraits : ceux des héros qui succombent à la banalisation. La figure d'Œdipe semble pourtant parée d'un plus grand prestige, mais c'est seulement dans le regard de nous autres Occidentaux, et depuis que Freud en a fait l'archétype des relations sexuées, avec son fameux « complexe ». Les Anciens, eux, n'ont jamais accordé autant d'importance à l'histoire d'Œdipe qui, dans la mythologie, reste un récit parmi d'autres. Elle se situe par rapport à un contexte ontologique (la « banalisation » de sa tentative d'individuation, d'apprentissage et de construction de soi) et social (il veut être meilleur que son père), et non par rapport à un problème sexuel, très secondaire dans le mythe, et avant tout symbolique.

Le schéma classique de l'histoire d'Œdipe est celui de l'ironie du sort auquel on n'échappe pas. À sa naissance, Œdipe est abandonné par son père Laïos, roi de Thèbes et de Béotie, à qui un oracle avait prédit que son fils tuerait son père et épouserait sa mère. Avant de l'abandonner, Laïos lui fait couper les tendons du pied pour le rendre infirme, d'où son nom, *Œdi-pous*, le « pied enflé ». Nous avons déjà noté ce thème de la boiterie comme un signe d'impuissance physique et spirituelle, chez Zeus retenu prisonnier par Typhon, et chez Achille (en le distinguant de la boiterie initiatique qui, au contraire, comme chez Thésée, signale le héros comme promu à un destin exceptionnel). Élevé par le roi de Corinthe Polybos, à qui l'avait confié le berger qui l'avait recueilli, Œdipe devenu adolescent décide de revenir à Thèbes et d'affronter le Sphinx (ou plutôt la sphinge, puisque la plupart des représentations de cet être le représentent comme féminin). Le Sphinx terrorisait la région de Thèbes et dévorait ses habitants. Il avait précisé qu'il ne quitterait la Béotie que lorsqu'on aurait résolu l'énigme qu'il proposait aux passants.

En chemin pour Thèbes, dans un chemin creux, à un passage resserré, Œdipe refuse de céder la route à un char qui arrive en face. Injurié par le propriétaire du char, il l'assomme avec son bâton de boiteux, et le tue. Ce qui aurait été un banal refus de priorité et un accident de la route se transforme en tragédie, car le conducteur du char n'est autre que Laïos[6]. La machine infernale est en marche : la première partie de la prophétie vient de se réaliser. De surcroît, tout ceci n'a rien d'héroïque. Œdipe n'a pas reconnu Laïos, c'est-à-dire qu'il s'est cru injurié par n'importe qui : il a réagi sous le coup de la rage de l'infirme humilié dans une société qui le méprise. Ce meurtre a en quelque sorte pour but d'exorciser son infirmité.

Créon, le régent de Thèbes à la suite de la mort de Laïos (officiellement tué par un inconnu non identifié), promet la couronne et la main de Jocaste, la veuve de Laïos, à qui débarrassera la Béotie du Sphinx. Œdipe vient alors à bout de l'énigme (« Quel est l'animal qui marche tantôt à deux, tantôt à trois, et tantôt à quatre pattes ? » — « C'est l'homme, suivant qu'il est adulte, vieillard aidé d'un bâton [encore le bâton !], ou bébé. »), où l'on remarquera que, de façon révélatrice, l'homme est désigné comme un animal : toujours la banalisation, qui réduit l'homme à ses plus vils instincts. C'est un problème qu'Œdipe connaît bien, c'est même lui qui est décrit (on a vu l'allusion à la boiterie), il n'a donc aucun mal à résoudre l'énigme.

Mais, alors qu'il croit se libérer – et libérer les Thébains –, Œdipe ne fait que s'enfoncer dans son problème, d'abord par le meurtre du vieillard, puis en résolvant l'énigme. Victorieux, il devient roi et épouse Jocaste : la deuxième partie de la prophétie est accomplie. Œdipe n'a pas conscience de commettre un inceste, puisqu'il croit sincèrement être le fils de Polybos (selon certaines versions, Polybos lui aurait révélé qu'il n'était pas son père, mais ne lui aurait pas donné l'identité de son géniteur ; c'est pour le découvrir qu'Œdipe serait parti, puis serait passé par Thèbes). Devenu roi, Œdipe réalise son rêve d'enfant, mais c'est un rêve pervers, incestueux, même s'il ne le sait pas. La preuve : un nouveau fléau, la peste, ravage le pays et remplace le Sphinx. Les oracles, consultés, disent que c'est à cause d'une souillure terrible, qu'il faut éliminer. Œdipe, toujours aveugle, ne comprend pas qu'il s'agit de lui, et fait chercher le coupable dans toute la région.

Enfin, son crime est découvert. Jocaste se pend. Mais Œdipe refuse toujours de voir la vérité. Il chasse le devin Tirésias, mais finalement, saisi d'horreur, il se crève les yeux, et devient physiquement aveugle, ce qu'il n'avait cessé d'être psychiquement jusqu'ici. C'est d'ailleurs plus

---

[6] Laïos, dit la légende, allait à Delphes, pour interroger l'oracle au sujet du devenir de son fils Œdipe : toujours l'ironie du sort…

de sa part l'expression du désespoir que du repentir. Car pour Œdipe, se crever les yeux, c'est d'abord refuser définitivement de voir les choses comme elles sont. Son regard intérieur s'aveugle. Il s'agit d'un remords panique, non d'un regret salutaire. L'aveuglement vaniteux est complet, la lumière intérieure s'éteint, l'esprit meurt.

Toutefois, il sera pardonné par les dieux : il échappe aux Érinyes, ces divinités vengeresses, et, guidé par sa fille Antigone, il se réfugie à Colone, dans le sanctuaire des Euménides, les « Bienveillantes ». Les Euménides sont le symbole du remords, mais un remords avoué, salutaire, efficace. Les Euménides et les Érinyes sont en fait les deux visages d'une même réalité janiforme : la faute, dans son aspect positif (le remords), et dans son aspect négatif (la vengeance).

Il est donc important de prendre le mythe d'Œdipe dans son ensemble, et de suivre Œdipe jusqu'à Colone. Car il y a, au sens psychanalytique, une surdétermination du personnage, à la fois faible et vainqueur, pervers et dépassant sa perversité, de la même façon que les Euménides et les Érinyes symbolisent deux visages complémentaires d'une même réalité spirituelle. En ceci, Œdipe incarne l'âme humaine, capable de contradictions, d'égarements, mais aussi de redressements. Son aveuglement même devient alors ambigu (on sait qu'il avait une valeur positive chez nombre de devins aveugles, où il symbolise la lumière du regard intérieur) : il fait aussi figure de sacrifice, de renoncement à ce monde et à ses valeurs perverses. Toute la richesse du mythe est dans cette ambivalence, si humaine. C'est sans doute le plus touchant, et le plus important dans le mythe grec d'Œdipe : plutôt que de nous raconter les racines de l'inceste, et les secrets de l'éveil à la sexualité, il nous parle de la difficulté à être un homme. Plus que tout autre, il est à échelle humaine, il nous montre un homme, Œdipe, dans son désir de bien faire, dans ses erreurs, dans ses aveuglements et sa misère, mais aussi dans sa grandeur, qui réside peut-être précisément dans cette misère.

Le drame d'Œdipe, ce n'est pas tant d'avoir couché avec sa mère que de ne pas avoir réussi à être meilleur que son père. En ceci, Œdipe anticipe aussi ce qui sera identifié comme le « complexe d'Hannibal » : la crainte de ne pas réussir là où son père (Hasdrubal, dans le cas d'Hannibal) a échoué. Pour les Grecs, l'inceste avec Jocaste était la conséquence catastrophique et la punition de son comportement, ainsi signalé comme pervers. Mais en aucun cas la légende d'Œdipe n'est centrée sur cet inceste. L'interprétation freudienne est une reconstruction, propre à la Vienne bourgeoise de la fin du XIXe siècle ; mais les préoccupations morales et spirituelles des Grecs étaient tout autres ; l'histoire d'Œdipe est d'abord celle d'une initiation manquée par un héros rattrapé par la banalisation, puis la perversion de son comportement.

Narcisse

Sources : Ovide, *Métamorphoses*, III 339-510

Interprétations : Rousseau, *Narcisse, ou l'Amant de lui-même* (1752) – O. Wilde, *Le Portrait de Dorian Gray* (1890) – A. Gide, *Traité du Narcisse* (1893) – P. Valéry, « Fragments du Narcisse », dans *Charmes*, 1926).

Iconographie : Poussin, le Tintoret, le Caravage, Gustave Moreau.

Le mythe de Narcisse nous semble avoir sa place dans cette évocation du danger de la chute, car il inverse en quelque sorte le mythe d'Icare : Icare monte au plus haut, et il est précipité dans la mer ; alors que Narcisse est absorbé par la profondeur de l'eau, dans laquelle il voit son reflet sublimé. Mais Narcisse et Icare se noient tous deux, ce qui signifie symboliquement, pour un homme de l'Antiquité, l'échec du processus d'individuation. En se perdant dans la mer, cet élément indifférencié, on perd aussi son identité (faute de pouvoir obtenir une sépulture, le noyé, arrivant aux Enfers, reste sur la rive du Styx, sans pouvoir la traverser). Narcisse, lui, se mire dans l'eau d'une source, mais il se perd dans son propre reflet devenu mortifère, absorbé par l'image fascinante de son moi. Sa psyché n'est plus un lieu alchimique de transformation, mais un miroir, qui le renvoie à un solipsisme stérile.

On connaît les grandes lignes du mythe : l'histoire de Narcisse, c'est celle d'un contresens sur la notion de connaissance. Le devin Tirésias avait répondu à la nymphe Liriopé, la mère de Narcisse, qui lui demandait si son fils vivrait vieux : « Oui, à condition qu'il ne se connaisse pas » : nous sommes là dans une interprétation inverse du fameux *Gnôthi seauton*, « Connais-toi toi-même » du fronton du temple d'Apollon à Delphes. Narcisse, qui n'a même pas ébauché son individuation, se laisse fasciner par l'image flatteuse de sa propre beauté, et en même temps par les forces obscures de sa psyché, qu'il n'a pas canalisées. Comme l'avait prédit Tirésias, en voyant son reflet dans l'eau, il finit par tomber amoureux de sa propre image (refusant ainsi le don de soi à l'autre, qui l'aurait sorti de lui-même, et l'aurait fait grandir, comme le lui demandait la nymphe Écho). Incapable de saisir et d'embrasser ce bel éphèbe qu'il voit dans l'eau, il ne supporte pas cette situation où il possède sans posséder, et où sa vue est le seul de ses sens qui soient comblés. Insensible au reste du monde, il se perd dans cette contemplation jusqu'à en mourir et s'y noyer, au propre comme au figuré. Narcisse et Icare sont deux immatures qui se perdent dans l'exaltation d'une personnalité qui n'est pas aboutie, et les conduit à une faillite spirituelle prématurée.

Le combat pour l'émergence et la remontée

Les héros civilisateurs, qui construisent le monde en même temps que leur monde intérieur, sont souvent des navigateurs : le voyage sur l'océan est une des formes symboliques privilégiées du voyage initiatique, depuis Gilgamesh jusqu'aux romans de Jules Verne. Or plusieurs de héros fondateurs ont un point commun : ils ont fait partie de l'expédition des Argonautes : c'est le cas de Jason, qui en était le chef, d'Orphée, d'Héraklès, de Thésée. Tous ont un objectif qui les relie :

— accéder au bout du monde, aux sommets, à l'univers sublime qui leur donnera toute leur dimension de héros, et qui est clairement désigné par l'objet à rechercher : la Toison d'Or, l'or étant symboliquement la concrétisation de la lumière ; donc, une identité s'établit entre l'or et la pureté spirituelle ; conquérir cet or là, qui, comme en alchimie, n'a rien à voir avec l'or matériel, c'est accéder à une forme supérieure de connaissance spirituelle,

— et, en contrepoint, échapper à l'*hybris* grec, à la *uanitas* latine, à l'orgueil et à la démesure mortifère, mais aussi à la *feritas*, à la chute dans les formes les plus régressives de la psyché humaine : l'abandon aux pulsions et aux passions, qui condamnerait leur quête en la pervertissant.

Cette lecture symbolique du sens de l'expédition, dans sa dimension psychique, est confirmée par tous les détails de la légende, et elle se trouve déjà contenue dans leur nom : les Argonautes, ceux qui sont embarqués sur la nef Argo, le Bateau blanc ; le blanc étant symbole de pureté, l'Argo devait les conduire vers la purification. Plus tard, le capitaine Achab de Melville se lancera à la poursuite de Moby Dick, la Baleine blanche.

On notera que beaucoup des héros dont nous allons présenter la légende sont peu ou prou défaillants dans leur quête : Thésée, Héraklès par moments, et surtout Jason. Pourquoi alors les associer aux figures positives de la Remontée, et ne pas les avoir reliés aux personnages qui symbolisent l'échec et la crainte de la Chute (Icare, Tantale, Midas, Œdipe) ? C'est une question de proportion : l'élan des héros dont nous allons parler les conduit longtemps sur les voies d'une quête réussie, et en ceci, ils peuvent apparaître comme exemplaires, incarner un modèle. C'est à la fin de leur vie, ou au contraire, pendant un épisode de leur jeunesse (comme Héraklès) qu'ils se pervertissent. On verra même que, dans le cas d'Héraklès, les défaillances ne sont qu'un tremplin qui l'oblige au rachat par les Travaux, et le conduit à sa propre assomption. Mais il est vrai que dans la mythologie grecque, il n'y a pas de héros sans faute, de Galaad. L'imaginaire grec est trop attaché au corps pour ne pas savoir que l'homme est faillible, qu'il n'est pas impeccable. La sainteté n'est pas un idéal grec. Dans ces conditions, la valeur du triomphe sur soi n'en est que plus grande.

Les réussites partielles

« Le chaînon manquant entre le singe et l'homme, c'est nous. »

(Pierre Dac)

Dans la mythologie, comme dans le roman de chevalerie, il est de nombreux héros qui ont *a priori* toutes les qualités pour mener la quête, et pour se réaliser spirituellement. Mais, avec le temps, ils ne tiennent pas la distance. Ils tombent, ils sont défaillants, alors même que, pendant longtemps, ils avaient été exemplaires. Car le chemin est long, et la constance est une des vertus héroïques qui leur manque. Ils chutent, sous l'accumulation des épreuves, ou parce qu'ils n'ont pas été assez forts psychiquement, et qu'ils ont succombé à la tentation de l'*hybris*, ou à celle de la banalisation. Parmi ces héros dont la réussite n'est que partielle, et qui se voient ramenés à une forme de médiocrité les éloignant définitivement des sommets, nous avons retenu quatre figures qui nous semblent caractéristiques : Jason, Thésée, Persée et Ulysse.

Jason

Sources : Apollonios de Rhodes, *Les Argonautiques* – Euripide, *Médée*.

Iconographie : Gustave Moreau, *Les Argonautes ; Jason et l'Amour*. – Lorenzo Costa, *Les Argonautes*.

Opéra : *Giasone*, Cavalli, 1649.

Cinéma : *Jason et les Argonautes* (Don Chaffey), 1963.

Jason ne recherche pas d'emblée la Toison d'Or. Comme Œdipe, il veut d'abord reconquérir son trône usurpé. Le félon, Pélias, frère d'Éson, l'ancien roi légitime et père de Jason, avait été averti par les oracles de se méfier de l'homme qui se présenterait à lui en ne portant qu'une seule sandale. Avant d'arriver à la cour pour faire valoir ses droits, Jason venait d'aider Héra à traverser un fleuve, et dans l'aventure il avait laissé une de ses chaussures. Nous retrouvons une forme de boiterie initiatique, celle du « monosandale »[7] signalé comme exceptionnel par sa marche dissymétrique. En même temps, Jason est dans le rôle de saint Christophe, le « porteur du Christ », le passeur, qui prête symboliquement son corps comme support à la psyché vecteur d'énergie spirituelle. Découvrant Jason dans cet état, Pélias, pour s'en débarrasser, lui propose d'aller en quête de la Toison d'Or et de la lui ramener : en récompense, il promet de lui restituer le trône (bien sûr il pense que l'épreuve est irréalisable, et que Jason ne reviendra pas).

Jason ne se sent pas la force de tenter seul l'aventure : il réunit les Argonautes, et fait construire la Nef Argo, le « Bateau blanc », douée de particularités extraordinaires, puisque, par exemple, son mât était oraculaire, car il provenait d'un chêne de la forêt de Dodone. Le voyage des Argonautes sur la Mer Noire, vers la Colchide (l'actuelle Arménie), où se trouve la Toison, est plein de dangers et de péripéties. Ainsi, les Symplégades sont deux rochers (symbolisant le danger de la banalisation et de sa pesanteur) qui se referment quand un navire s'engage dans le détroit situé entre eux. L'Argo passe de justesse, grâce à la ruse (la *métis*) des Argonautes, qui font voler un pigeon juste devant leur navire. Les rochers se referment, tels une porte automatique d'ascenseur, broient le pigeon, puis se rouvrent…et l'Argo passe à ce moment.

Arrivé chez Aétès, le roi de Colchide, Jason apprend la nature des épreuves qu'il doit affronter. Il lui faut non seulement tuer le dragon qui garde la Toison, mais labourer un champ avec une charrue attelée à des taureaux, puis semer les dents du dragon, et maîtriser le péril qui naîtra alors. Ces travaux supplémentaires sont imposés pour que Jason puisse prouver, comme Persée, que cet exploit n'est pas l'acte éphémère d'un moment, et que, après avoir conquis la Toison, le héros pourra continuer à régner en restant digne de son trône, sans défaillance. Labourer la terre équivaut bien sûr à rendre le pays fécond : Jason s'inscrit dans la lignée des héros civilisateurs, comme Thésée, Héraklès et Énée. Quant aux taureaux domptés sous le joug, ils symbolisent l'inconscient maîtrisé, comme les tigres que chevauche Dionysos.

Jason parvient à atteler les taureaux et à labourer. Mais des dents semées naissent des hommes de fer, c'est-à-dire des êtres brutaux et élémentaires (évoquant une régression psychique, le contraire d'une individuation). En les combattant, Jason devrait montrer à la fois qu'il est capable de triompher des forces régressives de son inconscient (comme Thésée tuant le Minotaure, ou Héraklès accomplissant les Travaux), et qu'il mérite de devenir roi, en réprimant avec vigueur et justice tout germe de discorde et de sédition ; en un mot, d'imposer un ordre, dans

[7] Cf. J. Thomas, *L'imaginaire de l'homme romain. Dualité et complexité*, Bruxelles, Latomus, 2006, p. 111 sq.

son espace intérieur et dans le monde. Mais, pour triompher, il est obligé d'avoir recours à la ruse (mauvais présage, qui annonce la suite de l'histoire) ; il fait ce que les hommes politiques ont toujours fait pour triompher de leurs adversaires : diviser pour régner. Il lance des pierres parmi les hommes de fer, qui s'entretuent, se croyant attaqués les uns par les autres.

Déjà, et de la même façon, Jason était venu à bout du dragon par la ruse, et non pas par la force : avec l'aide de Médée la magicienne, la fille du roi Aétès, tombée amoureuse de lui, il avait endormi le dragon grâce à un philtre. Là aussi, le héros est défaillant.

Aussi Aétès (qui, comme Eurysthée pour Héraklès, représente l'Esprit-juge, chargé de veiller à la bonne réalisation du contrat) estime que les travaux n'ont pas été correctement accomplis, et refuse de donner la Toison. Alors, Jason dérobe le trophée, et s'enfuit avec Médée, et le frère de Médée, Apsyrtos, sur l'Argo. Pour retarder le roi, lancé à leur poursuite avec sa flotte, Médée a recours à un monstrueux stratagème : elle tue Apsyrtos, le coupe en morceaux (en une caricature de démembrement, par rapport au *diasparagmos* dionysiaque), et jette les morceaux un à un à la mer. Le pauvre Aétès perd du temps à les ramasser, pour leur donner une sépulture. Jason et Médée parviennent ainsi à s'échapper, mais, une fois encore, Jason apparaît comme un héros pervers. Après avoir eu recours à la magie, ce dévoiement, il sacrifie un innocent, qui, véritable bouc émissaire, doit expier la faute à sa place. Là où le Christ se sacrifiait volontairement à l'Esprit, plutôt que de participer à l'iniquité du monde, Jason succombe à l'opportunisme, et banalise sa quête. Le fait qu'Apsyrtos soit coupé en morceaux (comme Osiris, mais pas avec la même signification, puisque le démembrement d'Osiris était suivi d'un remembrement mystique sous l'égide d'Isis) symbolise un éclatement de la connaissance, morcelée par le processus de banalisation.

D'ailleurs, la fin de la vie de Jason montre qu'un héros qui a succombé à la perversité ne peut plus qu'échouer. Retourné chez Pélias avec la Toison d'Or, Jason accède au trône, là encore par la ruse : Médée persuade les filles de Pélias de le découper en morceaux (encore...) et de le faire bouillir (comme Tantale l'avait fait avec ses enfants), pour le faire rajeunir... La cure ne donne pas les résultats espérés, ce qui permet à Jason de prendre le pouvoir devenu vacant. Pendant un certain temps, il gouverne avec habileté. Sa perversité, sa volonté de puissance, ne l'empêchent pas, sur le plan de la vie au quotidien, de se montrer habile organisateur et bon manœuvrier : beaucoup d'hommes politiques sont là pour nous le rappeler. Mais ses vices se concrétisent en un fléau qui frappe le pays (comme cela avait été le cas à Thèbes pour Œdipe), puis son astuce se tourne contre lui : victime d'intrigues, il est écarté du pouvoir. D'autres versions nous disent que les habitants du royaume, horrifiés par ses crimes, le chassent. Il se réfugie à Corinthe avec Médée, ils y vivent dix ans, et ont plusieurs enfants. Puis (toujours la banalisation) Jason trompe Médée et la répudie. Folle de colère et de chagrin (c'est le thème de la tragédie de Sénèque, du tableau de Delacroix ou de l'opéra de Charpentier), Médée conçoit une terrible vengeance, qui n'est pas sans rappeler celle de Déjanire jalouse offrant la tunique empoisonnée de Nessos à Héraklès : elle offre à sa rivale Glauké, la nouvelle fiancée de Jason, une parure de mariage qui la brûle et la tue ; puis elle égorge les deux fils qu'elle avait eus avec Jason, et s'enfuit dans un char ailé et magique tiré par des dragons.

L'histoire crépusculaire de la mort de Jason est à la fois très belle et emblématique de son sort de héros déchu. Devenu vieux, et voulant se reposer à l'ombre de l'Argo qui pourrissait à quai, loin de sa splendeur perdue et de l'éclat héroïque du voyage des Argonautes, il est tué par la chute de la figure de proue de l'Argo, tombée du vaisseau qui aurait dû le conduire vers la vie héroïque. La poutre tombée est une variante de la massue : c'est l'agent de l'écrasement sous un poids mort (de même que Jason était déjà mort, à la fin de sa vie) ; c'est la punition de la banalisation.

Thésée

Sources : Plutarque, *Vies des Hommes illustres, Thésée* – *Odyssée* XI, 322 sq. – Euripide, *Hippolyte* – Ovide, *Métamorphoses*, VII 404 sq., VIII 174 sq.

Interprétations : Boccace, *La Théséide* – Shakespeare, *Le Songe d'une nuit d'été* – Lope de Vega, *Le Labyrinthe de Crète* – Racine, Phèdre – N. Kazantzakis, *Thésée* (1949) – J.-L. Borges, *L'Aleph* (1949) – A ; Gide, *Thésée* (1946).

Iconographie : *Thésée et Ariane*, Titien, Le Tintoret, Annibal Carache.

Cinéma : *Thésée et le Minotaure* (Silvio Amadio, 1960), *Hercule contre les Vampires* (Mario Bava, 1961)

On connaît l'histoire de Thésée : fils d'Égée, le roi d'Athènes, et d'Aethra (mais peut-être, en fait, fils de Poséidon et d'Aethra, ce qui en fait un demi-dieu), il se porte volontaire pour mettre fin au tribut humain exigé par Minos, le roi de Crète. Grâce à l'aide d'Ariane et de son fil providentiel, il affronte le Minotaure dans son labyrinthe, et le tue. Ariane fuit avec lui sur son navire, mais il ne tarde pas à l'abandonner sur l'île de Naxos. De retour à Athènes, il réalise le « synœcisme » (la réunion des différentes bourgades composant Athènes en une seule cité,). Sa vieillesse est plus difficile : il est fait prisonnier aux Enfers, où il s'était laissé entraîner par le bandit Pirithoos, dans une expédition destinée à enlever Proserpine, l'épouse d'Hadès. C'est Héraklès qui le délivrera lorsqu'il descendra aux Enfers. L'épisode de Phèdre n'est pas plus glorieux : la sœur d'Ariane, devenue épouse de Thésée, tombe amoureuse d'Hippolyte, le fils que Thésée avait eu avec l'Amazone Hippolyté. Repoussée par Hippolyte, elle prétend, pour se venger, que le jeune homme lui avait fait des avances, et Thésée furieux demande à Poséidon de faire périr Hippolyte. Phèdre se pend, par remords et par désespoir. La mort de Thésée est elle-même assez lamentable : il part en exil, et aurait été tué par le roi Lycomède.

Voici l'histoire de Thésée, dans sa sécheresse biographique. Mais, à y regarder de plus près, il existe une charge symbolique et une cohérence de tous ces épisodes, qui tend à faire de Thésée un paradigme du héros. Toutefois, ce héros n'est pas sans faille ; toute sa vie, il oscille entre des actes insignes de bravoure (qui l'assimilent à un univers héroïque), et des erreurs, pire, des lâchetés ou des vilenies, qui ne peuvent que pervertir sa quête. D'où l'avertissement implicite au lecteur qui découvre les aventures de Thésée : « voici comment on peut échouer, alors qu'on était tout près de l'émergence et de l'assomption héroïques. »

Le début de la légende de Thésée est indissociable du personnage d'Ariane. Ariane est l'âme sœur qui accueille Thésée, et qu'il repousse. Dans ce rejet, il y a en germe tous les échecs futurs de Thésée. Ariane rêve de se marier avec Thésée, c'est-à-dire de tisser un voile commun d'hyménée avec leurs deux destins associés. Pour cela, elle lui fait don du fil de son propre destin, et ce geste est symbolique de l'union dont elle rêve : il permettra à Thésée de s'orienter dans le Labyrinthe, d'en atteindre le centre, de tuer le Minotaure, de ressortir, et d'épouser Ariane.

On remarquera que le Labyrinthe avait été construit par Dédale, un spécialiste des problèmes de l'*aequilibritas*, de la tension maîtrisée des forces antagonistes. Il montrait cette maîtrise lorsque, comme on l'a vu, il enseignait à son fils Icare l'art de « voler », pour échapper à Minos : ni trop haut, ni trop bas, pour conserver l'équilibre. Icare ignorera ces avertissements, et trouvera la mort, noyé dans la mer, pour avoir voulu voler trop près du soleil. L'histoire d'Icare, comme celle d'Ariane, constituent, à travers leur dimension tragique d'échec, un contrepoint à valeur apotropaïque : voilà ce qu'il ne faut pas faire ; c'est d'ailleurs bien dans ce sens qu'Énée, autre fondateur en quête d'*exemplum*, la retrouvera gravée sur les murs du temple d'Apollon à Cumes (*Énéide* VI, 9-33).

Ariane rêve donc d'un tissage qui lui permettrait d'accéder, avec Thésée, à cette complémentarité du couple qui, dans les représentations iconographiques de l'Antiquité, est la porte et la voie d'accès à une autre union, d'un ordre plus élevé, celle du myste et du dieu[8].

---

[8] On sait que sur les fresques de la Basilique pythagoricienne de la Porte Majeure, à Rome, visibles par les seuls initiés, le mariage profane représenté à mi-hauteur est comme une médiation entre deux autres séries de scènes : dans

Mais le drame d'Ariane, c'est que son fil restera toujours orphelin de celui de Thésée ; il ne trouvera jamais son jumeau masculin ; et son histoire est bien celle d'une tragédie, d'une vision tragique du monde, dans laquelle elle vit le drame de la séparation, de la déréliction, du clivage, de l'impossibilité du tissage. Ariane reste la « non-mariée », comme les Danaïdes. Ce fil orphelin métaphorise la tragédie de la condition humaine, projetée dans l'espace et le temps (comme Ariane sur la nef de Thésée, loin de sa terre natale), le long du fil unique d'une destinée solitaire dont le sort est, au bout du compte, d'être coupée par les Parques, dans une logique implacable du fil et du ciseau. Ce temps linéaire, de la flèche du temps, du sablier et de l'écoulement, c'est celui d'Ariane, à laquelle le voile nuptial est refusé, en même temps que le tissage complexe représenté à la fois par le mariage humain et par le statut ontologique de l'initié.

Ariane, dont Thésée ne veut pas (car il est tombé amoureux de sa sœur Phèdre), est débarquée et abandonnée sans autres formes de procès sur l'île déserte de Naxos. Cette tragédie de l'insularité, comme symbole de la solitude, connote avec les autres circonstances psychologiques, qui concourent toutes à dresser un tableau de la déréliction. Solitude, clivage, séparation sont liés. Par un bel effet spéculaire, c'était ce spectacle d'une Ariane nue, sans voile, qui était tissé sur le voile nuptial offert à Thétis et Pélée, pour leurs noces, et tel que nous le décrit Catulle dans son célèbre *Poème 64 :*

> « Plus de voile léger qui couvre sa poitrine mise à nu..., elle n'a plus aucun souci de son bandeau, ni de son voile, emportés par les flots » (v. 64-65, 68).

Même scène chez Properce, ce qui nous montre que ce thème d'Ariane abandonnée est bien resté un *topos*, un lieu commun, chez les Latins :

> « Ainsi, pendant que s'éloignait la nef de Thésée, gisait languissante et solitaire, sur le rivage, la fille de Cnossos... » (*Élégies*, I, 3, 1-2).

---

l'obscurité de la partie basse de l'édifice, l'épisode mythologique des Danaïdes, à la fois non-mariées, *agamoi*, et prisonnières du châtiment qui les enchaîne à leurs tonneaux toujours remplis et toujours vides, dans une roue infernale et sans fin ; et d'autre part, au sommet de la coupole, dans l'éblouissement de la lumière céleste, les épisodes de mariages mystiques entre l'initié(e) et le dieu, comme le célèbre « Saut de Sappho ».

Mais, chez Catulle, l'épisode est suivi de celui de l'arrivée de Dionysos libérateur (v. 250 sqq.) ; déjà, la tragédie d'Ariane contient en elle-même son propre dépassement. Nous y reviendrons.

Une possible rédemption ?

Ce que Thésée a raté (la quête du bonheur dans le couple), il va le trouver dans la gestion du groupe citoyen. Le ratage initial, plutôt qu'une forfaiture, apparaît alors comme le signe de son destin : le bonheur individuel dans le mariage n'est pas pour lui. Dans cette forme d'exil, il retrouve un autre solitaire, Énée, et il se différencie d'Ulysse, qui réussit à concilier ses retrouvailles avec Pénélope et sa royauté restaurée sur la terre d'Ithaque.

La trajectoire de Thésée s'est donc délibérément écartée de celle d'Ariane, dès la sortie du Labyrinthe. Car le fil lui permet de relier le centre et la périphérie du labyrinthe, et ainsi de mener à bien son aristie, son épreuve héroïque qualifiante : la victoire sur le Minotaure, être hybride et monstrueux pris comme métaphore de tout ce qui, au cœur même de Thésée, et de l'âme humaine, est régressif et animal. Grâce au fil d'Ariane, Thésée ne se contente pas de s'échapper prosaïquement du Labyrinthe, et de « sauver sa peau » : il en sort vainqueur, modifié et régénéré.

Comment expliquer alors la conduite à proprement parler scandaleuse de Thésée vis-à-vis d'Ariane, et cet « oubli » de la fiancée dont on sait que, dans ce type de récits, comme dans le roman de chevalerie, il constitue la grande faute ontologique[9] ?

On relèvera d'abord que la faute de Thésée est vite sanctionnée par un drame qui le touche dans son affection la plus intime : on sait qu'il était convenu que lorsque l'expédition reviendrait à Athènes, du plus loin qu'on la verrait, elle arborerait une voile noire, si Thésée avait échoué, ou une voile blanche, s'il était victorieux. Thésée oublie de carguer la voile noire — autre objet tissé —, dont la vue à l'horizon fait croire à Égée que son fils Thésée est mort, et le conduit lui-même au suicide : du haut des murailles, il se jette dans la mer qui portera son nom. L'oubli de Thésée est révélateur ; ayant blessé Ariane dans la tendresse et la profondeur de ses sentiments amoureux, il est lui-même blessé dans ce qu'il a de plus cher : l'affection filiale qu'il porte à son père.

Mais il serait trop simple de faire de Thésée une sorte de Don Juan du labyrinthe, venu séduire les filles de la Crète, en l'occurrence Phèdre. Il est dans la même situation qu'Énée, autre « lâcheur », qui, sur la route

9 Cf. P. Gallais, *Perceval et l'Initiation*, Paris, SIRAC, 1972.

de l'Italie, laisse Didon à Carthage. L'explication est, là aussi, symbolique : leur vocation est ailleurs, elle n'est pas dans le bonheur « ordinaire » et l'institution du mariage ; ils sont appelés sur des routes plus escarpées, pour des tissages plus collectifs, dans le cadre de la cité.

La Danse des Grues

C'est pourquoi le mythe reprend le paradigme du tissage, lors de l'escale de Thésée à Délos, lorsqu'il organise la célèbre « danse des grues » (cf. Plutarque, *Vie de Thésée*, 21, 1-2), avec les jeunes gens et jeunes filles rescapés de l'épisode du Minotaure, et qu'il ramène à Athènes[10]. Les deux groupes de danseurs, l'un masculin, l'autre féminin, se séparent d'abord, pour former deux deltas, puis s'entrelacent, et les deux deltas s'interpénètrent, sans se mélanger : symbole de l'union des contraires, *unitas multiplex*, où chaque groupe garde sa spécificité, mais où les deux groupes sont reliés. De même que les grues relient, selon Aristote, les deux extrémités du monde, la danse des grues joint symboliquement les extrêmes de la cité.

Nous retrouvons presque la même figure dans la Rome d'Auguste, lors des *Ludi Apollinares*, des jeux en l'honneur d'Apollon, où figurait le *Lusus Troiae*, le « Jeu de Troie » : des pelotons de douze hommes se séparent en deux cercles, puis entrelacent les deux cercles. Virgile reprendra l'image, en la situant dans le temps des Origines et de la fondation de Rome : au Ve livre de l'*Énéide*, lors de leur escale en Sicile, Énée organise avec ses compagnons un *Lusus Troiae* qui est une véritable mise en scène de la métaphore du tissage (v. 545-602), et dont Virgile compare les figures à un labyrinthe, dit *textum iter*, « chemin tissé » (v. 589) ; on peut rapprocher son sens symbolique de celui du Bouclier du VIIIe livre, autre support de connaissance, qualifié, lui, de *non enarrabile textum*, « texture indicible » :

> « Aussitôt, d'un mouvement vif, ils se sont symétriquement séparés ; chacun des trois pelotons s'est divisé en deux chœurs distincts, puis, à un nouveau commandement, ils sont revenus sur leurs pas, la lance en arrêt. Ensuite, ils entreprennent, dans un sens, dans un autre, d'autres courses encore, se faisant face à distance ; ils entremêlent les figures où ils tournent, suscitent les simulacres d'un combat armé ; tantôt ils découvrent

---

[10] Cf. là-dessus J. Scheid et J. Svenbro, *Le métier de Zeus. Mythe du tissage et du tissu dans le monde gréco-romain*, Paris, La Découverte, 1994. — Cf. aussi M. Detienne, « La grue et le labyrinthe », *Mélanges d'Archéologie et d'Histoire de l'École française de Rome*, vol. 95, 1983, p. 541-553.

leurs dos en fuyant, tantôt pour l'attaque ils retournent leurs dards, tantôt la paix est conclue et ils chevauchent côte à côte. Jadis en la haute Crète, on dit que le labyrinthe recelait dans ses murs aveugles un lacis de couloirs, l'ambiguïté fallacieuse de mille parcours, où les marques d'une route se rompaient sur une erreur qu'on ne discernait pas et d'où l'on ne pouvait revenir. Telle la parade où les fils des Troyens entremêlent leurs pas, entrelacent, en se jouant, des échappées et des combats, semblables aux dauphins qui, dans les mers humides, fendent à la nage les flots de Carpathos ou de la Libye et jouent parmi les ondes. » (V, 580-595 ; trad. J. Perret).

Souplesse du jeu cosmique, force de sa loi, ambiguïté du jeu et de la guerre : là aussi, de Cnossos à Délos et en Sicile, les images du labyrinthe, du tissage, de la danse, du voyage, constellent, par delà la chronologie, dans une résonance signifiante, qui va bientôt tisser l'espace équilibré, harmonieux, des cités de l'Attique autour d'Athènes, comme *sunoïkismos*, synœcisme, et plus tard, sur un mode à la fois différent et complémentaire, l'espace de l'*imperium* romain, comme autre harmonie constitutive des tensions qui composent une civilisation.

La fondation d'Athènes

Cette vocation à être le « tisseur » de la communauté athénienne, Thésée la confirme effectivement, comme fondateur d'Athènes, en posant les principes de l'interrelation et de la complémentarité des contraires comme bases de la concorde entre citoyens, et du « tissu » social perçu comme équilibre de tensions. C'est sans doute pour cela que, dans un long développement du *Politique* (279 b sq.), Platon compare l'art « royal » de la politique à celui du tisserand : la navette ne sépare que pour mieux assembler ; et l'on remarquera que le mot *stasis*, « guerre civile » est de même racine que *stémôn, stamen* latin, la « chaîne » du tissu, et que *histos*, « métier à tisser », « tissu », mais aussi « mât » du navire : le tissu social et politique n'est qu'une guerre civile savamment maîtrisée ; et, par delà un temps « horizontal », les figures emblématiques du roi, et du voyageur (évoqué par le mât du navire), sont associées à celle du tisserand : dans une forme de circularité, c'est bien le même héros initiatique, roi en exil, voyageur errant, qui réintègre sa royauté perdue, en la fondant sur le principe du tissage, et de l'équilibre des tensions, comme secret du vivant. Virgile retrouvera, à propos de la fondation de Rome, la même problématique, en faisant se succéder, dans les cinq derniers livres de l'*Énéide*, la guerre (comme opposition), puis l'alliance (comme complémentarité entre Troyens, Étrusques et Latins).

Pour bien souligner cette structure « tissée » comme base de la *polis*, Thésée offre un repas rituel pris en commun en mélangeant, dans *le même pot*, toutes les provisions qui lui restent de son voyage ; piètre gastronomie sans doute, mais symbole éclairant du métissage qu'il réalise : toutes les tribus reliées en une même cité, qui est nourrie, irriguée par cette alliance.

Les Panathénées

Dans la même ligne, Thésée fait des Panathénées la fête fondatrice d'Athènes, avec comme rituel central le tissage du voile d'Athéna par les arrhéphores. Le tissage de ce voile commence, tous les quatre ans, au moment où les grues (encore elles...) donnent au paysan le signal de commencer les labours. Il est terminé neuf mois plus tard, (le temps de la gestation d'un être humain, à laquelle est comparée symboliquement la mise en place de la communauté des citoyens dans la *polis*), pour l'anniversaire de la déesse ; et il représente une gigantomachie, un combat des Dieux et des Géants ; la légende de Dionysos nous éclaire sur ce point : de même que Thésée maîtrisait le Minotaure, il faut maîtriser et canaliser l'*hybris*, la démesure orgueilleuse des Titans, ainsi que leur sauvagerie, à l'œuvre dans la psyché humaine. Le *péplos* est alors transporté du Céramique à l'Acropole, sur un mât couronnant un « char naval », un char en forme de navire (et symbolisant l'union de la Terre et de l'Eau, comme dans les rituels de Dionysos, et d'Isis, où un véhicule semblable apparaît)[11]. Il est donc cohérent qu'Athéna soit à la fois la patronne

— du métier à tisser, *histos*,

— mais aussi de l'araire (dont une partie, le timon, s'appelle *histobœus*, et dont le « coït » avec la terre n'est pas sans évoquer le « coït » de la chaîne, *stémon*, masculine — bien proche de *stêma*, le pénis — et de la trame, *kroké*, féminine, dont nous parle Sénèque dans l'*Ep. ad Luc.*, 90, 20[12])

---

[11] cf. J. Scheid et J. Svenbro, *op. cit.*, p. 29.

[12] Cela explique sans doute que dans la tradition des Berbères il y ait une étroite parenté entre le tissage et le labour, qu'il faut soigneusement éviter de mettre en « concurrence » : une femme ne doit pas nouer ses cheveux devant le métier à tisser, ou quand elle accompagne son mari aux champs ; tout ouvrage sur le métier doit être terminé pour le début janvier, c'est-à-dire quand les champs commencent à verdir. Cf. J. Servier, *Les Portes de l'Année. Rites et symboles. L'Algérie dans la tradition méditerranéenne,* Paris, Laffont, 1962, (rééd. augmentée, *Tradition et civilisation berbères*, Monaco, Éd. du Rocher, 1985), p. 134-135.

— et du navire (dont nous rappelons que le mât se dit *histos* et les voiles *histia*).

Le voile tissé en l'honneur d'Athéna, lors des Panathénées se charge donc de tous les tissages précédents, dont la « danse des Grues », dans une circularité globale.

Mais la victoire ne peut être totale, pour le héros, que s'il surmonte aussi son propre péril intérieur, s'il réussit à dompter le monstre qu'il a en lui-même. Thésée l'avait partiellement réussi en tuant le Minotaure, cette sorte de demi-frère monstrueux. Mais déjà sa quête, comme celle de Jason, était entachée de fautes : il n'avait réussi que parce qu'il avait été aidé par Ariane et son fil providentiel, pour sortir du Labyrinthe. Puis, ingrat, il avait trahi Ariane au profit de Phèdre, sa sœur. La mort de son père Égée, qui se suicide en se jetant dans la mer, symbole du subconscient, souligne cet abandon de Thésée par les forces tutélaires qui le guidaient : désormais, c'est son autre père mythique, Poséidon, qui prend le relais, et qui devient l'unique régent du sort du héros. Dès lors, plus rien ne va. Devenu roi d'Athènes, Thésée tombe de plus en plus dans la perversité. Au lieu de combattre un personnage peu recommandable, le roi des Lapithes Pirithoos (qui est, en tant que fils d'Ixion, un demi-frère des Centaures monstrueux : lourde et peu engageante hérédité...), il se lie d'amitié avec lui, et ils décident de faire une expédition aux Enfers pour organiser le rapt de Perséphone. On sait que cette fille de Zeus et de Déméter avait été enlevée par Hadès, qui en avait fait son épouse, et la reine des Enfers. Zeus avait obtenu qu'elle passe six mois sur terre, du printemps à l'automne, puis six mois sous terre, des semailles au printemps. On le voit, ce rythme alterné symbolise celui de la Nature, et des plantes nourricières, dans leur nécessaire voyage souterrain puis leur émergence au soleil. Il y a là quelque chose de sacré et de fondamental ; la légende de Perséphone était d'ailleurs un élément central des Mystères d'Éleusis. S'en prendre à Perséphone, c'est donc perturber le rythme du monde, et les équilibres cosmiques. C'est aussi, si l'on considère que Perséphone symbolise la psyché dans ses rapports avec l'inconscient souterrain et la conscience claire, maintenir la psyché dans le refoulement, et empêcher le travail de sublimation en même temps que le retour de Perséphone à la lumière. En livrant Perséphone à la banalisation (sous la forme du frustre Pirithoos), Thésée empêche (comme il l'avait déjà fait pour Ariane) le processus de sublimation d'avoir lieu, et il condamne l'âme à rester à un état larvaire de développement.

Mais l'entreprise des deux larrons échoue lamentablement. Invités à un banquet par Hadès, Thésée et Pirithoos ne peuvent se relever de leur siège, et restent soudés à une pierre, la Chaise d'Oubli (l'oubli de l'Être et de la quête spirituelle), au cœur du labyrinthe des Enfers (version mortifère du labyrinthe de Crète : là, Thésée s'en était sorti parce qu'il était guidé par l'Amour). Thésée demeure ainsi jusqu'à ce qu'il soit libéré par Héraklès, le héros véritable qui, lui, vient à bout de Cerbère et, arrachant Thésée à sa pierre, le délivre (comme il l'avait déjà fait pour Prométhée rivé à son rocher, sur le Caucase), et ramène cette âme morte dans le monde des vivants. La légende disait qu'Héraklès avait dû tirer tellement fort pour décoller Thésée du rocher que le fondateur d'Athènes y avait laissé la peau de ses fesses : ce serait pour cela que les Athéniens, ses descendants, avaient les fesses plates.

Cette embellie n'est que de courte durée : pendant que Thésée était aux Enfers, son épouse Phèdre, qui le croyait mort, était tombée amoureuse d'Hippolyte, le fils de Thésée et d'une Amazone. Repoussée par lui, elle le calomnie, prétend qu'il a voulu la séduire, et Thésée, furieux, demande à son père putatif, Poséidon, de châtier Hippolyte. Poséidon envoie un monstre marin, qui met Hippolyte en pièces. On retrouve tous les éléments d'une chute dans la banalisation : le mensonge de Phèdre, l'aveuglement de Thésée, son impuissance à agir (il délègue le châtiment à Poséidon), l'ironie tragique, et le *diasparagmos* de l'innocent, comme figure négative et perverse du *diasparagmos* mystique de Dionysos.

Après cet échec, et l'accomplissement définitif de sa banalisation, Thésée connaît une mort obscure, semblable à celle de son père (donc, il n'a pas évolué, incapable d'acquérir un statut propre) : il est attiré dans un piège par le roi Lycomède, et précipité dans le vide du haut d'une falaise. Après sa mort, il regagne le Tartare, où il est à tous jamais rivé sur sa pierre (et où Énée, puis Dante, le verront). Ainsi disparaît un des héros qui furent les plus proches de la quête réussie, mais qui, avec le temps, ne cessa de se pervertir.

Persée

Sources : Hésiode, *Théogonie*, 276 sq. – Ovide, *Métamorphoses*, IV 617 sq. – Euripide, *Andromède*.

Interprétations : Lope de Vega, *Persée* (1621) – Corneille, *Andromède* (1650)

Iconographie : A. Canova, *Persée brandissant la tête de Méduse* ; Gustave Moreau.

Opéra : Lully, *Persée* (1682)

Cinéma : *Persée l'Invincible* (A. de Martino, 1962) – *Le Choc des Titans* (Desmond Davis, 1981).

Comme Jason ou Thésée, Persée est un héros sauveur. C'est un demi-dieu : il est le fils de Zeus et de Danaé, une simple mortelle. Son exploit majeur est d'avoir tué Méduse, une des trois Gorgones, avec Euryale et Sthéno. Tantôt hideuse, avec sa chevelure de serpents, tantôt représentée comme magiquement séduisante, Méduse symbolise l'inconscient humain dans son ambiguïté. Quiconque la voit est pétrifié. Pouvoir la regarder, c'est être capable de regarder le Moi dans sa totalité, y compris l'inconscient : c'est à cela qu'incitait le « connais-toi toi-même » du temple d'Apollon à Delphes.

Pour trouver Méduse, Persée avait eu recours à un stratagème (qui prouve que, comme Ulysse, il a en lui la *métis*, l'intelligence adaptatrice). Sur les conseils d'Hermès et d'Athéna, il va trouver les trois Grées ; elles n'avaient à elles trois qu'un œil et une dent. Persée s'en empare, et refuse de les leur rendre tant qu'elles ne lui auront pas indiqué la route menant à la demeure des Nymphes, qui possédaient des sandales ailées et un casque d'Hadès rendant invisible ; ces accessoires étaient indispensables à Persée pour son combat. Les Grées s'exécutent, puis les Nymphes lui remettent les sandales et le casque.

Pour vaincre Méduse, et afin de ne pas être fasciné et pétrifié par elle, Persée braque vers elle le bouclier-miroir que lui avait prêté Athéna, et ainsi Méduse est fascinée par son propre regard. Persée peut alors décapiter Méduse, grâce à une serpe donnée par Hermès, et échapper aux deux autres Gorgones, grâce au casque qui le rend invisible. Du sang de la blessure de Méduse sortent Chrysaor, l'épée d'or que portera ensuite Persée, et Pégase, le cheval des Muses, qui s'envole vers l'Olympe : Pégase est souvent identifié métaphoriquement à l'art et la créativité, qui s'arrachent aux forces les plus régressives de la psyché.

En tuant Méduse, comme Thésée avait tué le Minotaure, Persée maîtrise symboliquement l'espace de sa psyché. Mais la victoire sur soi n'est pas une ascension passagère ; le héros doit se maintenir à un niveau constant d'élévation. C'est pour cela que Persée emporte avec lui la tête de Méduse, qui garde sa puissance magique et sa séduction pétrifiante, et il demeure capable d'en supporter la vue, c'est-à-dire d'accepter la vérité à l'égard de lui-même. Il montre aux hommes la tête de Méduse décapitée (mais encore dotée de ses pouvoirs), pour leur proposer la lutte contre les dangers essentiels qui s'opposent à la réalisation de soi : l'exaltation vaniteuse, et la banalisation. En ceci, il n'est pas seulement le héros vainqueur, mais le héros sauveur du monde grec.

Persée accomplit ensuite un autre exploit : il libère Andromède, et tue le monstre qui la gardait prisonnière (on est fondé à interpréter symboliquement la figure d'Andromède comme la psyché que l'ascèse spirituelle libère des forces régressives qui l'assiègent), puis il l'épouse. Ce mariage est révélateur de l'idéal grec de l'harmonie dans le couple, comme accomplissement suprême, très différent de l'idéal chrétien de sainteté, qui se vit dans un travail de dissolution de tous les désirs, dont l'énergie ainsi récupérée se concentre sur le désir essentiel de fusionner en Dieu.

La vie de Persée est toutefois assombrie par un épisode qui, à notre sens, ne permet pas de le faire figurer dans la phalange restreinte des héros sauveurs. Un oracle avait annoncé à Acrisios, le roi d'Argos et le père de Danaé, que son petit-fils le tuerait. C'est pourquoi, quand Acrisios apprit que sa fille avait donné le jour à Persée, il les enferma dans un coffre, qu'il fit lancer à la mer. Ils furent recueillis par un pêcheur, qui éleva Persée, et ensuite celui-ci eut le destin que l'on sait. Mais, sur le tard, Persée eut envie de revoir son grand-père, et il revint à Argos. Acrisios, apprenant cela, eut peur que l'oracle ne trouvât à se réaliser, et il s'enfuit à Larissa, en Thessalie. Par hasard, Persée vint à Larissa comme compétiteur à des jeux athlétiques. Acrisios, ignorant la présence de Persée, assistait à ces jeux comme spectateur ; et là, le destin s'accomplit : alors que Persée lançait le disque, une rafale de vent fit dévier le projectile dans la foule, ... et il frappa mortellement Acrisios. Nous en retiendrons que, à la différence des héros sauveurs, qui, comme Héraklès, restent maîtres de leur destin, y compris dans le choix de leur mort, Persée reste un instrument du destin, et donc il n'accède pas aux formes les plus hautes de la libération spirituelle.

Ulysse

Sources : *Iliade* – *Odyssée* – Sophocle, *Ajax ; Philoctète* – Ovide, *Métamorphoses*, XIII-XIV, *passim*.

Interprétations : Du Bellay, *Les Regrets*, « Heureux qui, comme Ulysse... » – Shakespeare, *Troilus et Cressida* (1603), James Joyce, *Ulysse* (1922) – G. Seferis, *Poèmes* (1940) – N. Kazantzakis, *Ulysse* (1928), *Odyssée* (1938) – J. Giono, *Naissance de l'Odyssée* (1930) – J. Giraudoux, *La Guerre de Troie n'aura pas lieu* (1935) – A. Moravia, *Le Mépris* (1955).

Opéras : Monteverdi, *Il Ritorno d'Ulisse in Patria* (1641) – Dallapicolla, *Odysseus* (1968)

Cinéma : *L'Odyssée* (Mario Camerini ; avec Kirk Douglas ; 1954) – Série télévisée *L'Odyssée* (Franco Rossi, 1969) – Dessin animé de science-fiction *Ulysse 31* (1981) – *Le Mépris* (J. L. Godard, 1963) – *Troie* (W. Petersen, 2004).

L'histoire d'Ulysse est typiquement celle d'un parcours initiatique. Il doit partir, pour revenir, et se réaliser. Il traverse toute la guerre de Troie (matière de l'*Iliade*) avant d'accomplir un périlleux et long voyage de retour (matière de l'*Odyssée*). Chacune de ces aventures lui prend dix ans : dix ans au siège de Troie, puis dix ans de *nostos*, de retour.

*L'***Iliade***, ou le monde des Seigneurs de la Guerre*

La trajectoire d'Ulysse s'identifie d'abord à l'histoire de la Guerre de Troie. Or l'*Iliade* raconte la fin d'un monde, et nullement une « aurore » comme le dit V. Hugo, souvent mieux inspiré, dans *William Shakespeare*[13]. Au moment où l'épopée le saisit, l'ordre divin n'en est plus depuis longtemps au stade de la création, mais à celui de la gestion du monde[14]. Le monde étant créé, la tâche divine est maintenant purement administrative ; en quelque sorte, comme dans *Le Château* de Kafka, les dieux ne sont plus des démiurges, mais des fonctionnaires, ayant à contrôler et à gérer les différents secteurs de la Nature qu'ils se sont répartis. Dans ce monde qui s'est ritualisé, le monde d'en bas tend à être une réplique de l'Olympe : les seigneurs se conçoivent à l'instar des dieux. Les deux systèmes sociaux sont symétriques : ils ne doivent allégeance qu'à un seul chef, Zeus pour les dieux, Agamemnon pour les seigneurs ; les dieux sont répartis en deux blocs antagonistes, autour des Troyens et autour des Grecs. La ressemblance entre les deux systèmes conduit l'épopée à classer les personnes et les choses à l'intérieur de catégories fixes, où elles trouvent leur nom, leur fonction, leur qualité. La société de l'*Iliade* se caractérise par son horreur pour le hasard et la surprise, par sa proscription de l'improvisation, de l'innovation, de l'invention. Le héros a des attributs immuables. L'épithète homérique, adjointe à son nom lui interdit d'ailleurs d'évoluer moralement, et même physiquement, tout comme elle l'empêche de changer sa place hiérarchique et de s'attribuer une nouvelle compétence[15]. Sa stabilité est un élément fondamental de l'épopée, pour qui la seule idée de changement est impie.

Tous les héros homériques ont en commun cette impossibilité à évoluer qui, les gardant aussi bien de la régression que du progrès, limite assurément leur possibilité de développement, mais atteste en même temps un degré de perfection insurpassable. Le noble et le divin : voici les deux vocables qui livrent la clé du langage épique, et pour Homère ce sont les deux seules valeurs qui comptent dans l'*Iliade*. Du monde d'en bas, il ne connaît que la caste aristocratique et guerrière qui, à ses yeux, incarne entièrement l'humain.

Il ne se passe donc rien qui n'ait son archétype dans l'Olympe, ce modèle constant. Cela explique l'écriture de l'épopée. Écrite au prétérit idéal, le temps du passé éternellement présent, et éternellement recommencé, elle récite, c'est-à-dire rappelle, commémore, célèbre les événe-

---

[13] « Le monde naît, Homère chante, c'est l'oiseau de cette aurore ».

[14] Cf. là-dessus Ch. Autran, *Homère et les origines sacerdotales de l'épopée grecque*, Paris, Denoël, 1938.

[15] Cf. M. Parry, *L'épithète traditionnelle dans Homère : essai sur un problème de style homérique*, Paris, Les Belles Lettres, 1928.

ments primordiaux qui, une fois achevés, donnent lieu à une répétition perpétuelle dont la charge incombe désormais aux hommes. Dans le camp des Grecs, rien n'arrive, tout se reproduit.

Dans ce monde fondé sur une métaphysique, mais dont l'attitude exemplaire est celle de l'homme d'action, du guerrier, si la métaphysique se sclérose, l'attitude guerrière tend à devenir absurde, et à perdre de vue l'objet, la cause de la guerre. Les mercenaires qui font le siège de Troie sont typiquement une société d'hommes, dont le comportement n'est pas sans ressemblances, *mutatis mutandis,* avec le *Désert des Tartares* de Dino Buzzati : dans les deux cas, l'action, la lutte, deviennent une fin en soi, vide de sens. Le but de la guerre, la mort, devient fascinant, prend une importance disproportionnée ; elle envahit l'espace, et l'âme des guerriers. Ces *samouraï* deviennent des *kamikaze*, dans une attitude de sublimation de la mort, où l'aristie, l'exploit guerrier, est la seule issue, presque désespérée, pour laisser une trace, fût-elle sanglante, afin de forcer les portes de la mémoire des hommes, à n'importe quel prix.

C'est le personnage d'Achille qui incarne le mieux cette attitude crépusculaire. Il sait qu'il va mourir, il attend la mort pour demain en toute certitude, alors que les autres guerriers la considèrent seulement comme un risque inévitable. À deux reprises (dont une fois par Xanthos, son cheval divin qui est doué de la parole), il est averti que, s'il tue Hector, il mourra. Il répond : « Que m'importe ! ». Mais cette mort qu'il accepte, qu'il appelle peut-être même, il ne veut se donner à elle qu'en échange d'une gloire immortelle et pure. Il ne peut rien tolérer qui vienne la diminuer ou la ternir. D'où son intransigeance a priori puérile pour obtenir sa part du butin, des trophées, des captives : on attendrait mieux d'un héros, on aimerait lui connaître un idéal ; mais c'est tout ce qui lui reste ; il est tout entier tendu vers la destruction de ce qui le limite, mais il a perdu ses références ; et la seule valeur qui tienne pour lui, c'est un code de l'honneur limité à ce qu'on lui doit. Mais le contexte, les superstructures ont disparu. Dans ces ténèbres, il s'enlise dans de mornes étendues de sang, et de cadavres qu'il fauche de son glaive. C'est ce qui explique sa brutalité, qui ne peut que choquer.

Car Achille connaît une solitude irrespirable. Rien ne vient diminuer ou tempérer cette tension mortifère qui le pousse. Rien ne l'attire vers la paix, la patrie, vers des racines. Il est un mercenaire : la cause de Ménélas et d'Agamemnon n'est pas la sienne, et l'indiffère. Briséis, sa compagne, n'est qu'une captive, du butin, le repos du guerrier. Il n'est jamais question entre eux de mariage, d'union durable, ni même d'investissement affectif. Son fils n'est nommé qu'une fois. Le seul sentiment qui le lie à son vieux père, c'est celui de leur solitude commune. Quant à sa mère, une déesse, elle ne peut pas lui apporter de chaleur humaine (Énée sera dans la même situation). Tout ce qu'elle peut pour lui, c'est de lui prédire le moment de sa mort. Achille est le fruit monstrueux, non viable à l'échelle humaine (tout au moins dans cette société) de l'union d'un mortel et d'une déesse. Nous tenons là la *Nachtseite*, le côté nocturne et ténébreux, du mythe initiatique et héroïque du demi-dieu.

Il y aurait peut-être une exception : le seul sentiment humain qu'il éprouverait, ce serait pour Patrocle. Il n'y a rien de sexuel dans cette attirance. En Patrocle, Achille s'aimait plus humain, plus aimable. Il était ce qu'Achille aurait pu être s'il n'était pas ce bloc de dureté et de solitude. Mais Patrocle meurt. C'est pourquoi, venant de se perdre dans son double, Achille s'enfonce encore un peu plus dans la solitude ; il estime même que ce coup lui est plus dur que la perte de son père, ou de son fils.

Autour de ce personnage d'Achille se développe toute une symbolique des hauteurs. À l'origine nettement métaphysique, et associée au voyage initiatique (monter, c'est émerger, se réaliser ; inversement, descendre, c'est couler, mourir à soi), elle tend, dans l'*Iliade*, à se pervertir, et à devenir l'inaccessible, le lieu d'une perfection quasi irrespirable, recherché pour lui-même, et non pour ce qu'il représente. À travers ce rêve d'ascension se détermine non pas une propédeutique de l'exploit, mais une nostalgie de l'exploit, désormais vide de sens.

Le camp des Grecs

De même qu'Achille symbolise la fin d'une race de seigneurs de la guerre, de même le camp qu'il partage avec ses pairs représente une société d'hommes vivant depuis dix ans dans des conditions anormales. Chaque guerrier est très seul dans cet espace clos. À leur manière, les Achéens sont esclaves de la guerre, au même titre que leurs captives. Comme elles, ils sont renvoyés à leur solitude, et rien de bon ne peut en sortir, si ce n'est beaucoup de mélancolie.

Pour que ces conditions de vie restent supportables, cette communauté guerrière a dû mettre au point (comme dans le *Désert des Tartares*) un code très rigoureux des rapports entre individus. Il passe par une extrême ritualisation, un sens du cérémonial, une grande courtoisie dans les rapports entre guerriers, fondée sur une hiérarchisation compliquée et tatillonne. Parallèlement, des traits de grossièreté créent un curieux mélange de raffinement et de cruauté : la schizophrénie n'est pas loin...

Le but de ces rituels, c'est de maintenir ce qui reste de liens à l'intérieur de la communauté, par des cadeaux, et surtout des festins. On sait que l'espace de la table crée des liens sociétaux. Lors du festin, comme lors du sacrifice, une relation est établie, ou renouvelée, par le moyen du rite, qui convoque les hommes et les dieux, les vivants et les morts, dans un monde où chacun a sa juste place. Le constant retour du festin est la preuve que le monde dure, qu'il se régénère. Il est nécessaire à la préservation du groupe. Être exclu du festin, c'est, par excellence, la marque d'une exclusion sociale. Astyanax en fait la dure expérience, lui qui, après la mort de son père Hector, ne sera plus admis à la table des guerriers, comme le lui prédit sa mère Andromaque :

> « Le jour qui rend un enfant orphelin l'isole de tous ceux de son âge ; toujours il baisse la tête, des larmes sur les joues. Dans son dénuement, il va vers les amis de son père, tirant l'un par son manteau, l'autre par sa tunique. Ils s'apitoient ; l'un d'eux lui présente une petite coupe : il mouille ses lèvres, il ne mouille pas son palais. C'est lui, aussi, que l'enfant fort de ses deux parents chasse du festin, le frappant de ses mains et l'attaquant de ses injures : "File, et ne fais pas d'histoires ! Ton père n'est pas de la fête !" » (XXII, v. 490-498, trad. E. Lasserre revue).

Le combat lui-même repose sur des rites, et des aristies, des affrontements individuels. Il n'y a aucune tactique collective, et certaines normes, comme les lois de l'hospitalité, priment dans l'organisation du combat singulier, qui devient alors une sorte de rituel, sans cruauté et sans haine. Souvent, les guerriers, au moment même de se défier, dialoguent, évoquent leurs éventuels liens de parenté, dans une ambiance de respect mutuel, qui serait presque amicale, s'ils n'allaient se massacrer dans les instants qui suivent[16]

La ville des Troyens

Mais tout ceci se passe hors des murs, dans le monde des assiégeants, et dans la plaine de Troie. Il en va tout autrement à l'intérieur des murs, et dans le monde des assiégés. On s'aperçoit alors que la sympathie d'Homère va à la ville des Troyens. Le personnage d'Hector est beaucoup plus chaleureux, plus humain, que celui d'Achille. D'ailleurs, dans le récit, Hector a également la sympathie de Zeus. Il est intéressant que, pour Homère, qui est grec, ce soit le chef des Troyens, c'est-à-dire des ennemis des Grecs, qui incarne la plus haute noblesse humaine. Il y a là un gage d'humanisme, un trait de tolérance, qui n'est pas rare chez les Grecs.

En opposition avec la société d'hommes des Grecs, la société des Troyens est un monde équilibré, avec de vraies femmes, de vraies familles. Sa grande différence avec la société des Achéens, c'est qu'elle engendre des sentiments positifs. Hector aime sa patrie, son foyer, sa femme Andromaque, son fils Astyanax, et c'est pour les défendre qu'il se bat, à la différence d'Achille qui, dans son action, est poussé par le désir de venger Patrocle, et donc par la haine. Cela explique que la situation

---

[16] Cf. F. Létoublon, « Défi et combat dans l'*Iliade* », *Revue des Études Grecques*, vol. 96, 1983, p. 27-48.

soit beaucoup simple et concrète pour Hector que pour Achille. L'honneur, pour Hector, n'est pas un concept, ou un code : c'est simplement combattre pour sauver ce qu'on aime, et pour un pays qui est resté suffisamment petit pour réellement représenter des valeurs concrètes.

En ceci, l'attitude d'Hector est plus « moderne » que celle d'Achille, entièrement passéiste. Ancré dans une communauté, Hector se situe par rapport à elle, non par rapport à une idéologie de caste. En fait, le chef des Troyens déteste la guerre ; sans cesse, il doit surmonter sa peur, à la différence d'Achille, qui ignore la peur. Or surmonter sa peur, c'est, selon Socrate, le seul courage qui mérite d'être appelé courage. L'attitude d'Hector est très différente de celle du sage traditionnel. Elle n'est pas fondée sur l'indifférence aux biens que nous donne la vie, l'« agir sans agir » de la pensée chinoise, elle est au contraire nourrie de l'amour qu'il leur porte. Hector aime sa patrie, jusqu'à la défendre contre toute espérance. Car il sait (lui aussi, comme Achille) que Troie est perdue. Mais l'amour ne s'arrête pas à de telles certitudes : l'on défend ce que l'on aime, jusqu'au bout, et c'est précisément dans l'amour des siens que son attitude désespérée puise sa force. C'est aussi pour cela qu'Hector n'est pas vénal, contrairement à Achille : il n'a pas de souci de sa gloire personnelle.

On voit le paradoxe : le système terrible des professionnels de la guerre, des chevaliers achéens, fonctionne, mais une dernière fois. C'est le crépuscule des dieux, et les apparents vainqueurs sont en fait condamnés à mort. Inversement, Hector meurt, mais les valeurs qu'il incarne lui survivront, et représentent l'avenir, elles préfigurent autre chose. C'est pour cela qu'il a la sympathie du poète, et de Zeus. Mais à vrai dire, et parce que l'*Iliade* est une œuvre de génie, les deux personnages, celui d'Achille et celui d'Hector, ont tous deux de la grandeur, l'un dans sa crispation, dans son raidissement glacé de samouraï, et l'autre dans sa chaleur humaine.

*L'*Odyssée*, ou le retour à la Terre*

L'univers de l'*Odyssée* était donc annoncé, dans l'*Iliade*, à la fois par le personnage d'Hector, enraciné dans sa famille et sa patrie, et par celui d'Ulysse, qui traverse l'*Iliade*, mais repart pour Ithaque et pour retrouver ses racines.

On sent, d'emblée, qu'une mutation s'accomplit, de l'*Iliade* à l'*Odyssée*. Nous quittons le monde des guerriers pour celui des commerçants, des propriétaires terriens, des artisans. Ulysse lui-même est soucieux de la part faite au beau travail. À la différence de l'*Iliade*, qui n'était préoccupée que de valeurs guerrières (l'amour des chevaux, l'entretien des armes), nous entrons dans un univers beaucoup plus amoureux de la matière. Ulysse est sensible au travail des mains, du bon ouvrier ; il manie, tourne et retourne son arc avant de l'essayer. Le poète nous fait toute une description technique de la construction de son radeau, à la fois pour nous faire partager l'amour et le plaisir charnel avec lequel il est construit, et aussi parce qu'il s'adresse à un auditoire susceptible d'être intéressé par ces détails.

L'imaginaire de l'*Odyssée* est révélateur de cette modification :

— à travers l'inversion de la symbolique de l'eau vive, des rivières et du feu : saccageurs dans l'*Iliade* (où ils transcrivaient la hantise de la sauvagerie, des forces instinctives non maîtrisées), ils deviennent féconds, maternels, porteurs de vie, dans l'*Odyssée*.

— à travers l'importance du fantastique tellurique convergeant vers la Descente aux Enfers, et non plus ouranien, comme dans l'*Iliade*. L'*Odyssée* est saturée par les archétypes féminins : la caverne, la maison solitaire, la femme aux pouvoirs secrets, l'île perdue. Le récit est traversé par une charge onirique, mystérieuse, beaucoup plus que dans l'*Iliade*. Les femmes aussi, ont un rôle beaucoup plus important : Circé, Pénélope, Hélène, Nausicaa, Calypso, Athéna ; mortelles ou déesses, elles sont souvent maîtresses de la décision (nous y reviendrons). L'*Iliade* était sous le signe du Père, et d'un monde ouranien ; le Maître de l'*Odyssée* est sous l'influence de la Mère, au sens psychanalytique du terme.

L'*Odyssée* n'échappe pas à l'une des grandes constantes de l'imaginaire antique : la hantise d'une régression dans l'animalité et la barbarie. À plusieurs reprises, Ulysse est confronté au risque d'être transformé en animal, soit par un comportement indigne de la civilisation, soit, très concrètement, par une métamorphose en animal, comme lors de l'épisode de Circé : ses compagnons, qui sont une sorte de double imparfait et plus fragile de lui-même, y sont transformés en porcs. Un des combats du héros sera de résister à cette régression, et de se battre pour ne pas oublier Ithaque, ses valeurs et sa civilisation ; on se souvient que, chez les Lotophages, il accoste aux rives de l'Oubli, ce grand danger ontologique.

Mais ce qui est peut-être le plus beau, dans le mythe d'Ulysse, c'est qu'il nous dit, non avec des concepts, mais en nous racontant une histoire, que la relation peut survivre à l'absence. Ulysse et Pénélope sont séparés. Lui a été projeté dans un espace mouvant et hostile, qui se dérobe, s'oppose à son retour. Il se bat contre l'espace, pour rejoindre un paradis à réintégrer : Ithaque. Quant à Pénélope, son sort est inverse. Elle est immobilisée dans une terre natale désormais sans intérêt, puisqu'Ulysse n'y est plus. Et dans cet espace mort, en latence, son problème, c'est le temps. Elle se bat contre le temps, et les sollicitations des prétendants, qui voudraient lui faire tourner la page, oublier Ulysse. Son arme, c'est la patience, et la ruse[17], qui lui permettent de nier le temps qui passe, à travers le subterfuge du tissage du linceul de Laërte, qui n'avance pas, puisque, toutes les nuits, elle défait son travail de la journée.

Donc, malgré l'absence, Pénélope est présente à Ulysse, et Ulysse est présent à Pénélope. Chacun vit dans la mémoire de l'autre, sous forme d'une représentation qui n'est pas moins vive, pas moins forte qu'une présence réelle. En ceci d'ailleurs, par son efficacité, par la force du lien qu'elle entretient, cette évocation de l'autre est une force, une réelle présence. Lorsqu'Ulysse est chez Calypso, il n'est pas vraiment présent. De même qu'à table, il ne mange pas les mêmes mets que la nymphe, parce qu'ils sont tous deux ontologiquement différents[18], de même, dès qu'il le peut, il s'isole, va sur la grève, et tourne ses regards vers Ithaque :

> « Elle trouva le héros assis sur le rivage ; ses yeux étaient toujours mouillés de larmes, et pour lui la douce vie s'écoulait à pleurer son retour perdu. » (*Odyssée*, V, 151-154)

Au-delà de la *saudade*, et de la nostalgie de la terre natale, Pénélope reste la lumière dans la nuit, la source qui permet à Ulysse de rester vivant. Quant à Pénélope, après vingt ans d'absence, elle ne supporte plus le chant des rhapsodes évoquant la gloire d'Ulysse, mais le souvenir de son époux est « toujours vivant » :

> « Phémios, cesse cette rhapsodie si triste, qui toujours me déchire le cœur au fond de la poitrine, depuis que m'a frappée un deuil inconsolable ; tel est mon regret d'une tête si chère, et mon souvenir toujours vivant du héros dont la gloire s'étend au loin dans la Grèce et jusqu'en Argos. » (*Odyssée*, I, 340-342)

À travers ces deux attitudes à la fois semblables et contraires, on trouve toute la complémentarité qui relie Ulysse et Pénélope, par-delà l'absence. Ils veulent se rejoindre ; pour cela, il se bat contre l'espace, elle se bat contre une autre résistance, plus impalpable : celle du temps. Il ne cesse de se déplacer, de suivre une trajectoire lentement centripète, mais constamment perturbée par des forces centrifuges qui le repoussent. Inversement, elle est axiale, reste sans bouger à Ithaque, où, comme on a

---

17 Elle partage cette *métis* avec son époux.

18 Lui, mange la nourriture des hommes ; elle, se nourrit du nectar et de l'ambroisie, inaccessibles aux mortels.

vu, elle se bat contre le temps mortifère, symbolisé par le linceul tissé de Laërte. Ulysse bouge, Pénélope est immobile ; il est à la périphérie, et elle est au centre, qu'il cherche à réintégrer. Métaphoriquement, cette mise en situation évoque à la fois la stratégie du jeu d'échecs et la figure du métier à tisser.

Dans le jeu d'échecs, le roi est axial, il bouge très peu, et les autres pièces se déplacent autour de lui dans une sorte de danse cosmique. Mais ici, c'est la reine qui est axiale. C'est elle qui *fait être*, qui confère au roi la légitimité de son action. Ulysse se bat, et Pénélope, restée au centre du jeu, validera son action, le moment venu. C'est elle qui fera passer Ulysse de l'absence à la présence. Elle est, comme le dit un proverbe kabyle, « le pilier de la tente ». C'est en la retrouvant qu'Ulysse donne un sens à son voyage, et à son absence, et s'ancre à nouveau dans une Ithaque axiale, méritée et reconquise. Après cela, qui pourrait dire qu'il y a de la misogynie dans l'*Odyssée ?* C'est un monde où les hommes agissent, mais ne seraient rien sans les femmes qui, implicitement, sont en communication avec un ordre ontologique supérieur à celui des hommes, sans pour autant que l'on puisse parler d'une supériorité du féminin sur le masculin, ou inversement, puisque chacun de ces deux mondes ne saurait exister sans l'autre.

Le système du monde de l'*Odyssée* n'est pas sans nous rappeler aussi la figure du métier à tisser de haute lice, où le tissage, le *textum*, la création, ne s'opère que par l'entrecroisement d'une chaîne immobile de Mémoire (la figure de Pénélope) et d'une trame mobile de Respiration (la figure d'Ulysse)[19].

Mais à Ithaque, on ne se contente pas d'*attendre* Ulysse, on le *cherche*, aussi. Ce sont les deux stratégies développées pour lutter contre l'absence : la supporter, ou l'abolir ; la patience ou l'action ; attendre Ulysse, ou partir à sa recherche. Métaphoriquement, ce sont les deux postures de nature différente déterminées par l'attente : celle de Pénélope, et celle de Télémaque. À partir du moment où le jeune Télémaque, ne tenant plus en place, décide d'aller à la rencontre de son père, ce ne sont plus deux fils qui tissent l'espace de l'*Odyssée* (celui du destin d'Ulysse et celui de Pénélope), mais trois : il y a toujours celui d'Ulysse, qui se bat au loin contre l'espace, pour revenir ; celui de Pénélope, qui reste immobile à Ithaque, et résiste contre le temps ; mais il y a aussi, maintenant, celui de Télémaque, qui cherche désormais à relier les deux autres, celui

[19] Cf. J. Thomas, « L'Espace du héros, ou les destins croisés », in *Wegkreuzungen*, *Eranos Jahrbuch* 1987, Insel Verlag, Frankfurt, 1989, p. 133-177.

de son père et celui de sa mère. Désormais, les trois fils s'entrelacent, et resteront noués jusqu'à la fin du récit.

Lorsqu'Ulysse revient, il lui faut donc d'abord se faire reconnaître dans sa légitimité, abolir l'absence, réintégrer sa place. Et ce n'est pas facile, car le monde a beaucoup changé en vingt ans. Le risque est celui d'un hiatus, qui se serait creusé entre les deux mondes, celui d'Ulysse et celui d'Ithaque[20]. D'ailleurs, quand Ulysse est de retour dans sa patrie, il est tellement conscient de ce risque d'être rejeté qu'il préfère prendre les devants, et se faire passer pour ce qu'il est sans doute devenu dans le regard des autres : un étranger. L'absence a même fait son travail dans la mémoire de Pénélope, non qu'elle ait oublié Ulysse, mais parce que les contours de ses souvenirs sont plus flous, un peu estompés.

Alors, Ulysse entreprend de lui faire retrouver le passé, dans toute sa force et son évidence, comme s'il le ressuscitait. Il y a bien, par delà la nuit de l'absence, un « temps retrouvé » de l'*Odyssée*.

D'abord, comme Ulysse l'avait prévu, on ne le reconnaît pas. Il est l'étranger, méprisé et rejeté. Même Pénélope se méfie de lui. Il lui propose donc de lui révéler deux signes irréfutables qui permettront de l'identifier en tant qu'Ulysse, son époux, et d'effacer ce drame de l'absence qui a gommé son identité. Le premier signe n'est pas vraiment probant ; c'est la cicatrice qu'il porte au pied, et que reconnaît sa nourrice Euryclée ; Euryclée est convaincue, mais pas Pénélope. Alors, Ulysse révèle à Pénélope un secret qu'ils sont seuls à connaître ; c'est lui qui a taillé leur lit conjugal dans un tronc d'olivier plongeant encore ses racines dans le sol d'Ithaque :

> « Qui donc a déplacé mon lit ? […] La construction de ce lit, c'était mon grand secret ! C'est moi seul qui l'avais fabriqué, sans un aide. Au milieu de l'enceinte, un rejet d'olivier déployait son feuillage ; il était vigoureux, et son gros tronc avait l'épaisseur d'un pilier : je construisis autour, en blocs appareillés, les murs de notre chambre, et je la couvris d'un toit. […] Voilà notre secret !…La preuve te suffit ? Je voudrais donc savoir si

[20] Certains savent tirer profit de l'absence. Mais ce sont des politiques. Ainsi Jules César quitte Rome pendant sept ans, le temps qu'il lui faut pour la conquête de la Gaule. Puis, riche de ce nouveau trophée, il revient à Rome dont il avait empoisonné et stérilisé la vie politique par l'intermédiaire de ses lieutenants. Mais la brutalité et le réalisme du projet politique de César n'ont rien à voir avec l'histoire d'Ulysse, qui touche à des racines bien plus profondes, humaine et complexes.

notre lit est toujours à sa place, ou si, pour le tirer ailleurs, on a coupé le tronc de l'olivier. » (*Odyssée*, XXIII, 184, 187-204)

Ce lit, perdu et reconquis, a bien des points communs avec toutes les barques sur lesquelles Ulysse a sillonné les mers : la forme, l'intimité du creux, le matériau. Mais, vaisseau immobile ancré dans la chambre nuptiale, elle-même lovée au cœur du palais, lui-même situé au centre de la terre d'Ithaque, il représente, dans son axialité, l'ultime métamorphose de la barque, la dernière barque, celle qui symboliquement fait passer du profane au sacré, à la sacralité du cosmos, pour marquer la fin de la quête, et en même temps sa réalisation. La barque devient lit, son symbolisme maternel n'est plus menacé par l'instabilité inquiétante et mortifère des flots ; c'est Pénélope elle-même — celle qui consacre et légitime la royauté d'Ulysse — qui l'invite à jouir de son lit :

« Ton lit te recevra, dès que voudra ton cœur, puisque les dieux t'ont fait rentrer sous ton grand toit, au pays de tes pères !» (*Odyssée*, XXIII, 257-259).

Quant à Pénélope, elle n'a plus besoin d'anéantir symboliquement le temps qui passe, en défaisant toutes les nuits son tissage du jour. Et ce renversement, ce sont Ulysse et Pénélope qui l'ont mérité. Avec leur histoire, c'est la dialectique de la dynamique créatrice et de la nécessaire conservation du passé qui permet l'alliance et la conjonction finales. [21]

Le dernier signe est le plus connu : c'est l'épreuve initiatique de l'Arc, prolongée par l'épisode sanglant du meurtre des prétendants, mais commençant par une assomption à la symbolique nettement solaire et héroïque : Ulysse est seul à pouvoir tendre l'arc qui lui appartenait, et il réussit à envoyer une flèche à travers les douze anneaux des haches plantées dans le sol. Ainsi, après avoir été reconnu en tant que voyageur, et en tant qu'amant, il est restauré dans sa fonction guerrière et royale. Il concilie bien désormais sur sa seule personne les trois régimes de l'imaginaire durandien : héroïque (le guerrier), nocturne synthétique (le voyageur) et nocturne mystique (l'amant, l'époux de Pénélope). Il est en quelque sorte « complet », et il l'a prouvé.

---

[21] Cf. J. Thomas, *L'Imaginaire de l'homme romain. Dualité et complexité*, p. 39-40.

On le voit, ces trois épreuves font passer Ulysse de l'ombre à la lumière, de l'état d'*Outis*, « Personne » en grec (le nom qu'il avait pris pour tromper Polyphème, mais qui reflétait aussi cruellement, à ce moment, son état d'errance : *Outis*, « Personne », c'est, typiquement, l'Absent[22]) à celui de roi et seigneur d'Ithaque. En lui rendant son identité en même temps que l'amour de son épouse, ces trois épreuves ont tout d'un parcours initiatique. Il s'agit bien d'une individuation, et en même temps de la (re)découverte de son nom par ses proches. On sait que la nomination est toujours une étape importante de l'initiation : Perceval découvre sa mission en même temps que son nom ; et le changement de nom des moines prenant l'habit s'inscrit dans la même tradition. Nommé, le héros cesse d'être aliéné, absent aux autres et à lui-même. Les trois épreuves sont bien les trois étapes d'une réintégration. L'absence fait alors partie intégrante du processus initiatique, au même titre que la séparation : il faut partir pour revenir différent, enrichi, meilleur. De même, dans l'*Énéide*, Énée fait table rase de Troie, de sa famille, de son enfance. Cet oubli volontaire, cette séparation sont de nature alchimique : c'est l'œuvre au Noir, comme prélude nécessaire à la construction initiatique du héros. En ce sens, l'absence est une « mort » (mort au « vieil homme » qui était en soi ; mort aux yeux des autres ; mort au monde), mais elle peut être une « petite mort », prélude à une autre vie. Elle prend une des formes de l'exil qui, lui aussi, peut se révéler positif, comme l'exil d'Énée. On ne saurait mieux décrire cette dimension alchimique de l'absence qu'en citant le grand Pessoa (au nom prédestiné...)[23]. Il évoque certes un autre contexte : le processus de la création artistique ; mais le microcosme de l'art est la *mimesis* d'un ensemble plus vaste évoquant la construction de la psyché humaine, et dont cette loi alchimique de l'initiation rend compte : on laisse d'abord pourrir les sensations (c'est l'œuvre au Noir ; ce sont les ténèbres du renoncement, de la séparation et de l'absence) ; puis, quand elles sont mortes, on les blanchit par la mémoire (celle qui accompagnait Ulysse et Pénélope pendant les vingt ans du périple du héros ; c'est l'œuvre au Blanc) ; ensuite, on les rubéfie par l'imagination (celle qui pousse Ulysse à se déguiser en mendiant pour mieux se faire reconnaître, mais aussi celle d'Homère, qui imagine le périple d'Ulysse ; c'est l'œuvre au Rouge) ; enfin, on les sublime par la cristallisation dans l'écriture et l'expression, dans le cas de la création artistique, et par le passage à l'action qui concrétise le processus, dans le cas de la réintégration d'Ulysse dans son pouvoir « royal ».

---

[22] Bel exemple lacanien d'un mot choisi stratégiquement et délibérément (ici, par ruse), mais qui s'inscrit dans un contexte où « ça parle » à notre insu : c'est aussi l'inconscient d'Ulysse qui choisit ce mot à son insu, pour dire sa situation existentielle.

[23] « Pages intimes et d'auto-interprétation », *Action poétique* 104, 1986.

Mais ce passage initiatique de l'absence à la reconnaissance n'est pas sans danger. Nous avons décrit l'absence comme une « petite mort », prélude à une renaissance. Mais si les choses se passent mal, cette mort peut être définitive. Combien de *nostoi*, de voyages de retour, se sont mal passés après le siège de Troie, pour les autres guerriers compagnons d'Ulysse, et les ont plongés dans les ténèbres définitives de la mort ! Tout le problème, c'est que, jusqu'à la fin, le héros ne sait pas s'il trouvera l'ombre ou la lumière. Les forces obscures de la nature, ou du destin (selon les terminologies relevant de contextes et de supports herméneutiques différents) restent inconnues des hommes, jusqu'à l'échéance finale, qui peut toujours leur échapper, et « mal tourner ». D'une certaine façon, nous sommes absents, ou au moins aveugles au monde qui nous entoure, et cela du fait de l'infirmité et de l'insuffisance de nos propres outils d'observation et d'investigation.

C'est sans doute à cause de cette ambiguïté et de cette indétermination qu'il y avait des variantes du récit du retour d'Ulysse. On sait que les traditions orales étaient souples, et qu'elles ont donné lieu à de multiples versions, lorsqu'elles ont été transcrites par écrit, à l'époque alexandrine. Ainsi, à côté de la version canonique qui s'est imposée (Ulysse revient, tue les prétendants, retrouve Pénélope, et règne sur Ithaque, au terme de l'alliance finale entre les belligérants), il en était de beaucoup plus sombres : certaines évoquaient un retour catastrophique, où Ulysse trouvait Pénélope remariée et repartait tristement avec sa rame sur l'épaule vers, cette fois, la déréliction et l'abandon. Cette tradition d'un Ulysse trompé par son épouse est bien attestée dans l'Antiquité dont certains auteurs faisaient déjà, bien avant G. Brassens et ses *Trompettes de la Renommée*, rimer « Pénélope » avec « salope » : Hérodote, dans son *Enquête* (II, 145), avait rapporté la généalogie qui fait de Pan le fils de Pénélope et d'Hermès, filiation mentionnée aussi dans un fragment de Pindare. Au IVe siècle av. J. C., Douris de Samos, élève de Théophraste, présente Pan comme le fils de Pénélope et de tous les prétendants en jouant sur l'homonymie entre le nom du dieu et l'adverbe grec signifiant « tout » : il serait « le fils de tout le monde », ou de personne... Cette version est par la suite bien inscrite dans l'imaginaire des lecteurs de l'*Odyssée*, puisque, plus tard, on la retrouve d'abord chez Ronsard, poussant la situation vers le grotesque (*Nouvelle continuation des amours*, « À son livre ») :

> « Que dirons nous d'Ulysse ? encores qu'une trope
> De jeunes poursuyvans aimassent Penelope,
> Devorans tout son bien, si est-ce qu'il brusloit
> D'embrasser son espouse, et jamais ne vouloit
> Devenir immortel avec Circe la belle,
> Pour ne revoir jamais Penelope, laquelle

Pleurant luy rescrivoit de son fascheux sejour,
Pendant qu'en son absence elle faisoit l'amour :
Si bien que le Dieu Pan de ses jeux print naissance,
(D'elle et de ses muguets la commune semence). »

Ensuite, c'est Giono qui a lui aussi été sensible à cette potentielle dérive anti-héroïque de l'absence d'Ulysse, dans sa *Naissance de l'Odyssée*, où il nous propose un Ulysse peureux, et une Pénélope surtout tisseuse de ruses, infidèle et menteuse. Le héros tombe de son piédestal, le monde a changé sans lui ; et la cruauté de la réalité renvoie Ulysse à l'absence dont il venait d'émerger ; il redevient *Outis*, Personne. C'était un des scenarii possibles ; et il était intéressant de l'évoquer, justement parce que le mythe, dans sa dimension polysémique de palimpseste, admet parfaitement cette surdétermination, cette richesse multiple des options, nous montrant une *Odyssée* complexe et ambiguë, comme la vie, dont le mythe est la représentation stylisée. L'ambiguïté même de l'absence, puis du retour d'Ulysse est une belle illustration de cette polysémie : est-il un héros initiatique, ou un personnage médiocre et menteur, tendant vers la comédie, comme le mendiant de son déguisement ? Il serait imprudent de conclure, justement parce que le mythe, dans sa plasticité, reste ouvert, et n'aime pas les schémas réducteurs. Dans une belle phrase, Flaubert, parlant des écrivains, dit : « Nous sommes cela, nous autres, des vidangeurs et des jardiniers. » (*Lettre à Louise Colet*). Dans l'âme humaine aussi, l'or et l'immondice se côtoient, et il serait vain de choisir entre l'ange et la bête, car « qui veut faire l'ange fait la bête ». C'est ce que nous disent les mythes.

Les héros sauveurs

« Telle est ma quête
Suivre l'étoile [...]
Et puis lutter toujours. »

(J. Brel, *La Quête*)

Mais il est quelques héros – peu nombreux – qui parviennent à concilier l'élan vers le sublime et ses sommets, et la capacité d'harmoniser et de relier le monde qui les entoure. Ce sont des fondateurs et des créateurs. Les épreuves ne leur manquent pas, ils en triomphent difficilement, mais ils ne tombent pas ; ou alors, ils se relèvent. Nous ne dirons pas qu'ils vont au terme de la quête (car elle est sans fin), mais ils réussissent une métamorphose d'eux-mêmes et du monde, de ceux qui les entoure. Pour cela, l'amour – d'autrui, de la vie – leur est indispensable ; c'est peut-être, d'abord, cet amour qui manquait aux héros défaillants.

C'est lui qui leur donne cette dimension de sauveurs. Nous en avons retenu trois, dont la légende fait clairement apparaître cette dimension sotérique : Héraklès, Énée et Orphée.

Héraklès

Sources : *Iliade*, VIII, XIV, XVIII, XIX, *passim* – Hésiode, *Théogonie* V, 287 sq. – Euripide, *Héraklès furieux ; Alceste ; Les Héraclides* – Sophocle, *Les Trachiniennes* – Ovide, *Métamorphoses*, IX 182 sq. ; *Fastes*, I 543 sq. – Virgile, *Énéide*, VIII, 193 sq.

Cinéma : *Hercule contre les Vampires* (Mario Bava, 1961) – *Ulysse contre Hercule* (Mario Caiano, 1961) – *Hercule se déchaîne* (G.-F. Parolini, 1962) – *Le Triomphe d'Hercule* (A. de Martino, 1964) – *Les Aventures d'Hercule* (L. Coates, 1984) – *Hercule à New-York* (A. Seidelman, 1969).

La quête d'Héraklès commence comme une crise. La souffrance du héros trouve sa source dans son humiliation et sa sujétion aux forces qui l'ont réduit à la barbarie, à l'état de la bête fauve. Les forces de la terre l'aspirent et le terrassent. Symboliquement il devient fou. La folie, dans l'Antiquité, est toujours un naufrage, parce qu'elle est assimilée à la perte de la cohérence du moi. Cette régression est mortifère ; effectivement, Héraklès s'enlise dans la mort. Il tue, entre autres, son épouse Mégare et ses enfants. On peut voir dans cet acte effroyable qui en fait un *outlaw*, un proscrit, en dehors de la communauté humaine, deux significations :

— la mise en place brutale d'une destinée qui l'écarte des routes plus riantes d'une existence « normale » et d'un bonheur paisible. Comme Énée renonçant à Carthage et à l'amour de Didon, sa place est ailleurs, sur des chemins plus escarpés, et le cordon ombilical le reliant à un univers maternel, amoureux, est rompu de façon terrible. Il est projeté dans la solitude.

— en même temps que son forfait le fait tomber au plus bas de l'abjection ; il n'a plus qu'une solution : faire don complet de sa personne, ne vivre qu'en s'oubliant et en se consacrant aux autres. Sa vie sera désormais expiation et tentative de rachat ; et parce que, comme Énée, il a tout perdu, il n'est pas tenté, tel Orphée, de se retourner. Il est nu, brûlé par la vie ; brisé, humilié ; il peut devenir esclave, serviteur de l'Esprit.

La géographie sacrée des Travaux

À partir de là s'organisent donc les voies de sa propre remontée, et à travers elle, celle de l'humanité souffrante, dont il devient le symbole en même temps que l'exemple à suivre, tel qu'il était enseigné dans les Mystères d'Héraklès : c'est le sens des représentations, émouvantes ou grandioses, de tous ceux qui se sont fait statufier (de l'empereur Commode à d'obscurs inconnus), souvent sur leur tombe, sous la forme d'Héraklès, leur dieu tutélaire, revêtu de la peau du lion de Némée.

Héraklès se soumet au roi Eurysthée, qui ne le vaut pas[24] ; mais ainsi relégué, le héros est tenu à l'écart des tentations du pouvoir, et de l'orgueil. Héraklès est celui qui *fait être* : il parcourt le chemin depuis un centre, symbolisé par la cour d'Eurysthée, jusqu'à une périphérie obscure, ravagée par des monstres et des fléaux. En les éliminant, il assure la circulation des énergies créatrices, depuis le centre vers la périphérie, puis de la périphérie vers le centre ; et son retour à la cour symbolise la double circulation simultanée de ces énergies : de l'Être vers les étants, et des étants vers l'Être. De même, et *mutatis mutandis*, dans le Roman de chevalerie, les chevaliers du Graal accomplissent des allers-retours entre la cour du roi Arthur et la forêt qui est le lieu de leurs épreuves. Le roi, lui, est axial, il ne se déplace pas, ou très peu - comme dans le jeu d'échecs[25] : il est le garant de l'ordre du monde, et du système du cosmos que le héros, lui, fait vivre.

Originellement, Eurysthée avait imposé dix Travaux à Héraklès : dix, nombre pythagoricien[26] représentant la petite Tétractys, ou la somme des quatre premiers nombres, c'est-à-dire une image symbolique et totalisante des forces qui constituent le cosmos : *un*, le Verbe inconnaissable ; *deux*, le nombre de la différenciation, qui « arme » le processus de la création ; *trois*, le nombre de l'émergence, et le nombre de la divinité ; *quatre*, le nombre de la matière et de sa stabilisation dans l'espace. C'est parce qu'Eurysthée considéra que deux des travaux n'étaient pas conformes — dont le nettoyage des écuries d'Augias, pour lequel Héraklès s'était fait payer... — qu'il les porta à douze (trois fois quatre : autre nombre symbolique pour les Anciens).

Ces Travaux s'organisent eux-mêmes en une forme de tissage, à deux niveaux :

---

[24] Héraklès et Eurysthée sont deux descendants de Persée. Zeus – pensant à son fils Héraklès – avait déclaré que le descendant de Persée qui allait naître régnerait sur Mycènes. Mais Héra, jalouse, retarda la naissance d'Héraklès ; Eurysthée naquit le premier : c'est lui qui régnerait sur Mycènes…

[25] Cf. J. Thomas, « L'espace du héros ou les destins croisés », in *Wegkreuzungen, Eranos Jahrbuch* 1987, Insel Verlag, Frankfurt, 1989, p. 146.

[26] Cf. M. Detienne, « Héraklès, héros pythagoricien », *Revue d'Histoire des Religions*, 1960, p. 19-53.

— Une complémentarité « tissée » et alternée entre des travaux qui sont des victoires sur les *forces masculines* (le lion de Némée ; le sanglier d'Érymanthe ; Diomède, donné en pâture à ses juments) et d'autres qui assurent son triomphe sur les *forces féminines* (l'hydre de Lerne ; la biche de Cérynie ; les écuries d'Augias ; les oiseaux du lac Stymphale ; le taureau de Crète ; la ceinture d'Hippolyte, reine des Amazones). On remarquera que les forces féminines sont plus présentes que les forces masculines : traditionnellement, pour les « sociétés d'hommes », patriarcales, indo-européennes, c'est dans un monde aux caractéristiques féminines — au sens bachelardien — que s'ancrent, dans les êtres, les forces de la régression et de l'instinct.

— On s'aperçoit aussi que les dix premiers Travaux conduisent Héraklès aux *quatre points cardinaux* du monde grec : *le Sud*, avec le taureau de Crète ; *le Nord*, avec la Thrace, et les juments de Diomède ; *l'Est*, avec la Scythie et la ceinture d'Hippolyte ; enfin l'extrême *Ouest*, avec le troupeau de Géryon, qu'il faut ramener d'*Erytheia*, le pays du soleil couchant, à l'extrême pointe de notre Espagne, où reste le souvenir des « colonnes d'Hercule ». L'exploration du monde géographique a donc bien été systématique ; symboliquement, la quête n'a rien laissé dans l'ombre[27].

À partir de là, et avec les deux derniers Travaux, Héraklès va encore plus loin dans ses voyages, et sort d'une géographie « classique ». Loin des paysages connus, le héros rompt avec ses habitudes, il passe même la limite entre le profane et le sacré, par cette sorte de récapitulation et d'anticipation de sa mort qu'est la Descente aux Enfers. Aux Enfers, Héraklès a la révélation ésotérique du sens des feuilles de peuplier, l'arbre proche de la source de Mnémosyne : elles ont une face blanche et une face noire, et symbolisent ainsi la complémentarité des contraires, l'alternance et les antagonismes, comme modalités à travers lesquelles se manifeste et s'organisent les formes du vivant. Quant à la quête des Pommes d'or du Jardin des Hespérides, elle est promesse de l'immortalité, par la possession de ces fruits mythiques qu'il ramène de l'au-delà (comme d'autres héros ramèneront la Fleur d'immortalité, la Toison d'Or, le Graal, l'Or du Rhin...).

En même temps, l'épisode des Pommes d'or entreprend comme une récapitulation de ce processus de complémentarité entre les forces qui montent de l'homme vers la divinité, et celles qui descendent de la divi-

[27] Cf., pour une interprétation du symbolisme zodiacal des Travaux d'Héraklès différente de la nôtre, F. Bader, « Héraklès et les points cardinaux », *Minos*, Salamanque, 1983, p. 219-256.

nité vers l'homme. À ce stade, nous retrouvons Prométhée, le héros malheureux d'une descente transformée en chute. En effet, Héraklès ne connaissait pas le chemin qui conduisait au Jardin des Hespérides (étymologiquement, les « nymphes du soleil couchant »). Ce lieu reste, pour nous, confusément situé : au pied de l'Atlas, ou en Hyperborée. Mal situé, mais, de toute façon, dans un Autre monde, dans un Ouest ou un Nord mythiques. Sur le conseil des nymphes de l'Éridan, Héraklès consulta le dieu Nérée, qui lui apprit (de fort mauvaise grâce) qu'il convenait d'abord d'interroger Prométhée, enchaîné sur le Caucase. En d'autres termes, avant de gravir l'Atlas, plein Ouest, Héraklès est obligé d'aller sur le Caucase, à l'Est du Bassin méditerranéen. La montagne sacrée de l'Est est associée à son homologue située à la pointe occidentale (le mont Atlas), dans une trajectoire *solaire* du héros, reliant Est et Ouest, à travers tout le monde méditerranéen. Ce voyage initiatique n'est pas sans nous rappeler celui d'Énée, héros du mythe fondateur des Romains, Énée, qui associe Troie mourante, la Ville sainte de l'Est, et Rome à naître, la Terre promise de l'Ouest.

Sur le Caucase, Héraklès délivre Prométhée enchaîné ; celui-ci, reconnaissant, lui confirme sa mission sur le mont Atlas, et lui donne une information précieuse : il ne devra pas cueillir les pommes lui-même, mais les faire cueillir par Atlas. On peut voir là le symbole de la « haute tension » énergétique de ces fruits, qui ne sauraient être cueillis même par un demi-dieu. À moins que ce ne soit l'insuffisance de l'état de pureté d'Héraklès, qui ne lui permet pas encore de toucher, ou de voir en face les objets sacrés ? Mais on peut aussi évoquer un précepte présent à la fois dans la *Baghavad Gîtâ* hindouiste et dans la pensée stoïcienne : il faut agir, mais pour que les choses soient faites, et non pour les fruits de l'action[28]. Toujours est-il qu'il y a de la grandeur dans cette alliance et cette rencontre, sur le Caucase, du Titan donneur de feu, symbole des énergies divines descendantes, et du héros artisan des Travaux, symbole des énergies montant de l'humanité vers la divinité : désormais, ces deux forces provisoirement déchues vivent ensemble leur rédemption, au rythme du voyage et de l'ascension d'Héraklès, « tombé » dans sa culpabilité initiale, puis émergeant au terme de son ascèse rédimante. Avec lui, et à travers lui, l'humanité a fait sa partie du chemin ; elle n'est plus dans cet état d'ignorance et de bestialité d'où Prométhée avait prématurément voulu la sortir ; elle accède par ses propres forces à l'intelligence et à la lumière divines. Symboliquement, ce qui était jusqu'ici noué se délie — de même qu'Héraklès enlève ses chaînes à Prométhée —, et Prométhée peut révéler ses secrets à Héraklès.

---

[28] Cf. J. Thomas, « Sénèque et le problème de la légitimité de l'action », *Euphrosyne*, XVI, Lisbonne, 1988, p. 97-124.

Il ne restera plus à Héraklès qu'à avoir recours à la *métis*, sur le mont Atlas.

Atlas, ancien roi de l'Atlantide, est un Géant déchu au sort comparable, par certains aspects, à celui de Prométhée : ayant péché par *hybris*, et par attachement excessif aux biens de ce monde, il fut condamné, après la destruction de son pays, à porter la Terre sur ses épaules. Prométhée, lui, est rivé à un rocher sur le Caucase : même symbole de pesanteur minérale, transcrivant l'entropie qui a été à la fois leur tentation (Prométhée avait « joué » les hommes contre les dieux ; Atlas avait participé à la guerre des Géants contre les dieux) et leur punition (sur un rocher pour Prométhée ; par le poids du monde, pour Atlas). Une fois rendu au Jardin des Hespérides, Héraklès (qui se souvient qu'il ne peut pas cueillir les fruits lui-même) propose à Atlas de l'alléger un peu de son fardeau, et de prendre la Terre sur ses épaules, pendant que le Géant irait cueillir trois pommes d'or. Mais, quand Atlas revint, il ne se montra pas très coopératif pour reprendre sa place : il dit à Héraklès que les choses étaient très bien ainsi, et que lui, Atlas, irait lui-même porter les pommes à Eurysthée. Héraklès, sentant le danger, feignit d'accepter ; il demanda seulement à Atlas de le remplacer quelques instants, le temps pour lui, Héraklès, d'aller chercher un coussinet, car le poids du monde lui sciait la nuque. Le géant, un peu niais, accepta, et Héraklès s'enfuit avec les pommes : la *métis* était bien avec lui...

Désormais, Héraklès est prêt pour le grand voyage dans l'Au-delà : il a accompli toutes les épreuves qualifiantes, jusqu'à cette Descente aux Enfers qui était une sorte de répétition générale de sa propre mort — au même titre que, pour les mystes, la « petite mort » de l'initiation. Son corps physique, siège de ses passions, qui commença par être à l'origine de sa chute, lui devient une sorte de dépouille pesante et inutile, bientôt insupportable, et métaphorisée par la tunique de Nessus, qui le brûle. La mort d'Héraklès a la même ambiguïté qu'un épisode sacrificiel. Dans le sacrifice, le démembrement du sacrifié est suivi de son remembrement, sa mort est sa victoire. De même, dans un premier temps, la mort d'Héraklès apparaît comme un supplice, et une torture. En fait, c'est une libération, et une mort-victoire : en se jetant dans les flammes du bûcher élevé sur le mont Œta, il montre qu'il est définitivement débarrassé de sa nature humaine mortifère et perverse ; la flamme qui monte vers Zeus est complémentaire du feu que Prométhée avait fait descendre vers les hommes ; elle est la réponse victorieuse des hommes à l'échec du Titan ; d'ailleurs, c'est Zeus lui-même qui allume le feu, d'un éclair de sa foudre. Ce feu mystique qui permet la combustion de l'enveloppe terrestre d'Héraklès, de sa « tunique de peau », selon l'expression de l'Islam shiite[29], est le contretype du feu de la passion qui poussa Héraklès à de nombreux forfaits, au début de sa vie. Au cours de son existence, il a réussi une sorte d'alchimie du feu, qu'il a sublimé, pour en faire l'instrument de sa libération. C'est sans doute une tradition mystique du même ordre qui fut à l'origine de la légende selon laquelle Empédocle, cet autre initié pour l'imaginaire de l'Antiquité, aurait été englouti dans le feu de l'Etna.

On sait qu'à l'origine, Héraklès avait pour nom Alcide. Héraklès, « Gloire d'Héra », est son deuxième nom, son nom d'initié. « Gloire d'Héra » : l'épithète semble antonymique, si l'on songe que tous les malheurs du héros trouvent leur origine dans l'acharnement d'Héra à sa perte. En fait, cet opposant est bien un adjuvant : Héra fait partie de cet ensemble de forces, de résistances, qui ont amené le héros à se surpasser, à tisser sa propre « gloire » qui culmine dans le bûcher de l'Œta.

La vie du mythe d'Héraklès dans l'imaginaire méditerranéen et européen

Gilgamesh

En aval, dans l'histoire des civilisations, on a souvent fait le parallèle entre la légende d'Héraklès et l'épopée sumérienne de Gilgamesh (datée de *circa* 2500 av. J.-C.). Les similitudes entre les Travaux et le Voyage de Gilgamesh sont si nombreuses et frappantes qu'on pense à une source commune, probablement sumérienne tendant à donner une dimension initiatique à la vie des deux personnages :

— Comme Héraklès, Gilgamesh tue un lion monstrueux et se revêt de sa peau.

— Gilgamesh saisit un taureau céleste par les cornes et le soumet (on pense au Taureau de Marathon).

— Gilgamesh découvre une herbe secrète qui rend invulnérable ; on peut faire le parallèle avec les flèches magiques d'Héraklès, et son don de divination.

— Le voyage de Gilgamesh suit le cours du soleil, d'Est en Ouest ; le dixième Travail d'Héraklès, la recherche du troupeau de Géryon, le conduit en *Erytheia*, le pays du Soleil couchant, à l'extrême Ouest de la Méditerranée.

---

[29] À cette tunique de peau, succédera une tunique de lumière, associée au corps de résurrection.

— Gilgamesh visite lui aussi un Jardin des Hespérides où, après avoir tué un dragon enroulé autour d'un arbre sacré, il reçoit en récompense deux objets sacrés venant du monde souterrain.

— Enfin, l'on peut faire le rapprochement entre l'urne de bronze qui sert de barque à Héraklès, et dont la voile est la peau du Lion de Némée, lorsqu'il va en *Erytheia*, et le voyage que fait Gilgamesh vers l'Île occidentale de la Mort, en utilisant ses vêtements comme voile. On pourrait également établir une comparaison avec la légende irlandaise de Cuchulaïnn, qui rapporte de l'Enfer un chaudron magique.

Michelet

En amont, et pour ce qui concerne la postérité du mythe, c'est surtout Jules Michelet qui a donné une nouvelle vitalité, et une orientation originale, au mythe d'Héraklès. Dans la tradition des courants libéraux et anticléricaux de la deuxième moitié du XIXe s., Michelet va faire du personnage d'Héraklès le héros populaire par excellence. En opposition avec les dieux souffrants des Mystères païens, et du Christianisme, Héraklès lui apparaît alors comme l'archétype d'un paganisme viril, d'une forme de volonté de puissance. Pour Michelet, la passion passive des Osiris, Adonis, Bacchus, Orphée, décourage et crée une inertie stérile. Au contraire, c'est dans la passion active, herculéenne, que résident la plus haute harmonie de l'homme, la force et l'équilibre qui rendent fécond ici-bas. De surcroît, Héraklès est le héros de la Jeunesse (il est vrai que, dans la mythologie, après sa mort-apothéose, dans l'Olympe, il avait pour épouse Hébé, la déesse de la jeunesse) et de l'Avenir, à cause de son humble et sublime rôle de Travailleur, préfigurant les figures glorieuses du socialisme. Au vu des pages qui précèdent, on mesure combien cette image d'Héraklès est fantasmée par l'imagination d'un homme et le courant d'une idéologie socialiste naissante, et combien elle s'écarte de la figure herculéenne, telle que nous la présente le mythe : on a vu que la souffrance, loin d'être absente de ce récit, est un des moteurs de l'action d'Héraklès.

Le Christianisme

C'est précisément à cause de la présence de cette souffrance qu'on a aussi pu faire des parallèles, sans doute plus fondés, avec le christianisme, en particulier autour de la dimension sotérique[30] :

---

30 Cf. M. Simon, *Hercule et le christianisme*, Paris, Les Belles Lettres, 1955.

— Le Christ et Héraklès sont tous deux des fils de Dieu, avec une paternité alléguée par un mortel : Joseph, pour le Christ ; Amphitryon, pour Héraklès.

— Ces héros de divin lignage échappent miraculeusement, au lendemain de leur naissance, à une mort qui les menace (le massacre d'Hérode, pour le Christ ; les serpents envoyés par Héra, pour Héraklès).

— Au seuil de l'âge d'homme, ils subissent la tentation, et ils en triomphent (le diable dans le désert, pour Jésus ; les différents épisodes féminins pour Héraklès : Mégare, Omphale, Déjanire).

— Agents d'exécution sur terre de la volonté paternelle (le Christ) et du plan divin (Héraklès), ils inaugurent, pour le salut de l'humanité, une carrière d'épreuves et de souffrances (la Passion du Christ ; les Travaux d'Héraklès).

— Ils terminent leur vie terrestre par une Passion qu'ils acceptent (le bûcher sur l'Œta pour Héraklès ; la crucifixion, pour le Christ), et qui est suivie d'une dématérialisation lumineuse finale (la combustion-apothéose d'Héraklès ; l'Ascension du Christ).

Les traditions orientales

Par-delà le point de vue matérialiste et socialiste de Michelet (qui est un bel exemple de récupération d'un mythe, au service d'un nouveau paradigme idéologique), il nous semble plus fructueux de considérer qu'Héraklès et Jésus vérifient tous deux les trois voies de la réalisation spirituelle, telle que la définit la sagesse hindoue :

— *Jñana marga*, la voie de la Connaissance : ils l'acquièrent tous les deux, Héraklès par initiation, en particulier par la pédagogie du Centaure Chiron. Le séjour du Christ chez les Esséniens peut aussi évoquer une forme d'initiation.

— *Bhakti marga*, la voie de l'Amour, en particulier (et là, nous sommes très loin de l'interprétation de Michelet) par le passage de la notion archaïque de souillure (amorale, et qui nécessite de purifier le groupe grâce à un bouc émissaire) à celle de péché assumé (Jésus qui, par son sacrifice, sauve l'humanité ; Héraklès, qui accomplit les Travaux comme une rédemption imposée par Eurysthée, pour sublimer ses propres fautes).

— *Karma marga*, la voie de l'Action, de l'activité héroïque, ou de la conversion christique, qui transforment le monde en même temps qu'elles correspondent à une métamorphose spirituelle, ces deux espaces, extérieur et intérieur, étant indissociables.

Énée

Sources : Virgile, *Énéide* - Ovide, *Héroïdes* VII, passim.

Interprétations : *Le Roman d'Eneas* (anonyme ; 1156) – Luis de Camoens, *Les Lusiades* (1572) – G. Lalli, *L'Énéide travestie* (1634) – Scarron, *Virgile travesti* (1652) – H. Broch, *La Mort de Virgile* (1945) – A. Nadaud, *Auguste fulminant* (1999) – M. Szabo, *L'Instant. La Créüside* (2009).

Iconographie : *Énée et Anchise* (Le Bernin, 1615) – *Mort de Didon* (Rubens, 1635).

Opéra : *Didon et Énée*, Purcell (1689) – *Les Troyens*, Berlioz (1863) – *Ascagne*, Saint-Saens (1890).

Cinéma : *La Guerre de Troie*, G. Ferroni (1961) – *Les Conquérants héroïques* (G. Rivalta, 1962) – Série télévisée *L'Énéide* (F. Rossi, 1971)

Bande dessinée : *Le Dernier Troyen* (2004-2008).

On a souvent dit que l'*Énéide* était « l'histoire de Rome et d'Auguste ». C'est vrai, et cela nous donne la dimension de ce récit comme discours fondateur du peuple romain, dont il est la référence historique et politique. Mais l'*Énéide*, c'est aussi l'histoire d'Énée, et à ce titre, nous avons affaire à une forme presque archétypale de récit initiatique. À travers le personnage d'Énée, prince troyen en exil, et fondateur de Troie à venir, Virgile réussit à relier le fonds de l'épopée initiatique et l'histoire des origines de Rome, à associer l'Orient et l'Italie (dont l'autre nom est l'Hespérie, le pays ou le soleil se couche, l'Occident). En outre, son récit n'est pas seulement l'histoire d'un peuple, c'est aussi celle d'un individu. Ainsi, Virgile affirme qu'on ne se construit qu'en construisant le monde. Aventure intérieure et aventure collective sont liées.

La différence entre l'*Énéide* et l'*Odyssée*, c'est, pour parler métaphoriquement, que l'*Odyssée* est un aller-retour, alors que, dans l'*Énéide*, Énée a pris un aller simple. Il y est contraint, puisqu'il n'a plus de chez-lui. Il quitte Troie en flammes, sa famille et ses amis morts, pour partir sur les routes de l'exil. Mais ce récit est bien initiatique, puisque l'exil d'Énée, loin d'être mortifère, va se révéler un parcours formateur, pendant lequel le héros se dépouille du « vieil homme » en lui, puis apprend à lire les signes qui vont le guider vers une nouvelle Troie, une *Troia melior*, qu'il fera renaître sur les terres du Latium, et qui sera la future Rome. Le récit se déroule alors comme une crise qui se dénoue. Énée est d'abord confronté à une situation qu'il ne maîtrise pas, à une solitude et une ignorance de la route à suivre qui suscitent son anxiété, jusqu'à le pousser à la tentation du suicide (cf. I, 92 sq.). À Carthage, il s'aperçoit qu'il s'est trompé : ce n'est pas encore là qu'est la patrie à refonder, il faut repartir sur les routes de l'exil. Puis les signes du destin l'amènent à identifier une partie de sa mission (livre VI), et le lieu où elle doit s'accomplir, le Latium (livre VII). La situation se ramène alors, à partir du livre VII, à une guerre entre adjuvants d'Énée et opposants à son installation dans le Latium. Enfin, au XIIe livre, le conflit se dénoue en une alliance, qui redéploie les trois fonctions instauratrices de la cité (le prêtre-roi, le guerrier et la fonction économique) à travers la totalité des belligérants, redistribuée en trois groupes : la fonction de commandement (Énée et les Troyens), son bras armé (les Étrusques) et le principe de fécondité (les Latins, possesseurs de la terre, qui donnent Lavinia, la fille du roi, en mariage à Énée). L'Italie n'a résisté et ne s'est défendue que pour mieux se laisser posséder[31]. Et l'on est passé du deux au trois ; du symbole de la dualité à celui de l'organisation complexe. Mais l'on ne pouvait pas faire l'économie de la guerre avant d'atteindre l'alliance.

Parallèlement à ce schéma territorial de conquête du sol, il en est un autre, plus intériorisé : l'espace intérieur, la psyché d'Énée. Elle se modifie en même temps que l'espace extérieur. D'abord plongé dans l'obscurité de l'angoisse, du chagrin et de l'ignorance de sa mission, il s'organise, s'oriente, apprend à lire les signes, donne du sens au monde qui l'entoure, et finalement, accède à une forme de sérénité et de transparence, qui est le propre de la spiritualité à laquelle il accède à la fin de l'*Énéide*, lorsqu'il fait cette belle prière d'actions de grâce, où il ne demande plus rien pour lui[32], et dit :

> « *...nec mihi regna peto.* » (XII, 190),
> « ...et ce n'est pas pour moi que je demande la royauté. »

Il y a bien là tous les éléments d'une initiation complète, avec ses trois phases :

— préparation, séparation du groupe originel (livres I-IV),
— révélations majeures (livres V-VIII),

---

[31] Cf. M. Bonjour, *Terre Natale. Étude sur une composante affective du patriotisme romain*, Paris, Les Belles Lettres, 1975.

[32] En ceci, elle se distingue de la prière du livre I (92 sq.), qui est une ardente aspiration au suicide, et de celle du livre V (687 sq.), où il demande la pluie pour éteindre l'incendie des navires et pouvoir continuer sa mission. On voit clairement, à travers la succession chronologique des trois prières, une spiritualisation de plus en plus grande, qui le détache de son « petit moi » On pense à St Jean de la Croix définissant, dans un contexte judéo-chrétien, l'état mystique comme « *olvido de lo creado, memoria del Creador* », « oubli de la créature, mémoire du Créateur ».

— retour dans le groupe pour la réalisation de ces révélations (livres IX-XII), dans un dynamisme qui passe par un conflit et se termine par une alliance.

Ce schéma initiatique est confirmé par la façon dont Énée accomplit son voyage de Troie à Carthage, et plus particulièrement par la phase difficile de sa navigation, qui est un peu comme l'hiver de son histoire. On s'aperçoit alors que tout le processus du voyage en exil est conçu sur le modèle d'une germination (thème typiquement initiatique) : pendant les sept ans que dure le voyage d'Énée, le héros troyen concentre sur sa personne tout ce qui était déployé auparavant, et sera redéployé ensuite, et qui se ramène aux trois fonctions duméziliennes définissant une cité totale : celle du prêtre roi, celle du guerrier, et la fonction économique. Comme le « sommeil » de la graine en hiver, l'exil est une période de latence, de crise, pendant laquelle Énée cumule sur sa personne, dans la matrice maternelle du navire qui le porte avec ses compagnons, les fonctions

— du prêtre-roi, guide de ses compagnons, intercesseur auprès des forces du sacré (son épiclèse la plus fréquente est *pius Aeneas*, le « pieux Énée »),
— mais aussi de protecteur, de chef militaire,
— et encore de pourvoyeur en nourriture (lors des étapes, c'est lui qui, le premier, part à la chasse, découvre les sources, rallume le feu nourricier).

Ce n'est qu'une fois arrivé sur la Terre promise, et au terme des combats décisifs qui conduisent à l'alliance entre les trois peuples constitutifs de la Rome à venir (Troyens, Étrusques et Latins, comme représentants de la trifonctionnalité dumézilienne) qu'Énée redéploie dans ces trois groupes les trois fonctions qu'il cumulait sur sa personne. Au terme du voyage de l'exilé, c'est un véritable métissage fonctionnel qui a été rendu possible, et préparé par l'exil, qui est bien le terreau d'une reconstruction, et le ferment d'un espoir.

Lorsque la biologie nous fait découvrir l'histoire des cellules vivantes, on est frappé par des symétries bien intéressantes. Lorsqu'une société de cellules est en crise, et menacée de périr, elle prend des décisions, à la fois individuelles et collectives. Certaines cellules se dédoublent de façon asymétrique (une grande et une petite cellule) ; puis la petite cellule devient une spore capable de résister dans un environnement défavorable. La grande cellule se détruit alors, libérant la spore qui porte en elle l'avenir de la colonie. Plongée dans son sommeil, la spore attendra, sans se nourrir ni se dédoubler, que l'environnement devienne favorable pour donner naissance à une nouvelle colonie[33]. Décidément, l'histoire des crises est éternelle et universelle, et le voyage d'Énée et celui de nos cellules ont bien des points communs, qui donnent à réfléchir...

À travers cette double lecture, de l'organisation d'un espace intérieur, psychique, parallèlement à un espace extérieur, physique, Virgile nous dit que la naissance de Rome n'était pas seulement une émergence physique, mais que c'était la construction d'une pensée, d'une attitude en face du monde ; cette attitude se ramène à un nom et à un idéal : la romanité. Nous en reparlerons dans sa dimension de complexité. Ce qui nous intéresse ici, c'est le souci constant de Virgile de lier, dans l'*Énéide*, l'espace physique et le monde spirituel, en particulier à travers une dialectique du continu et du discontinu. C'est en ceci que l'*Énéide* apparaît définitivement comme un texte spirituel, voire un texte mystique. Car le voyage d'Énée se construit à la fois dans la continuité et la discontinuité.

La continuité, ce sont l'ascèse, l'effort soutenu, la progression du voyageur. Elle fait du voyage un lent déroulement, ponctué de souffrances et d'épreuves qui, peu à peu, dessillent le regard du voyageur, lui permettent d'apprendre les signes qui l'entourent, qui étaient là, mais qu'il ne voyait pas. C'est pour cela que l'histoire d'Énée, qui est comme l'archétype de l'histoire de Rome, et qui est liée à elle, nous semble être bien éclairée par la notion psychanalytique de résilience[34] : la capacité de faire d'une épreuve une force. C'est précisément comme cela qu'Énée ne cesse de se construire, et que Rome a souhaité se donner à voir aux autres : ville de courage et de *uirtus*.

Mais la discontinuité, c'est ce qui n'appartient pas au héros, le surcroît de grâce qui n'est donné que par les dieux, en dehors de toute préparation, le *satori* qui l'éblouit soudain : par exemple, lors de l'épisode des tables mangées, où Énée retient les paroles prophétiques, « *Heus, etiam mensas consumimus* ! », « Holà, nous mangeons même nos tables ! » (VII, 116) sur la bouche de son fils, et explique qu'elles sont le révélateur qu'il attendait : « *Hic domus, haec patria est* », « Ici est ma maison, ici est ma patrie » (VII, 122). Et l'on ne peut faire l'économie de cette grâce[35] : sans elle, rien ne se passerait, on resterait dans un monde bana-

---

[33] Cf. J.-C. Ameisen, *op. cit.*, p. 296.

[34] Même si tous les psychanalystes sont loin d'être d'accord sur la pertinence de cette notion, elle nous semble particulièrement intéressante, en particulier à travers les travaux de B. Cyrulnik.

[35] Même s'il y a aussi une part d'apprentissage et d'ascèse : Énée a appris à lire les signes, et cela, il ne le doit qu'à son courage et à son opiniâtreté.

lisé, profane, exclu du sacré. Rome est aussi la ville de Vénus, elle a ses dieux tutélaires, ses anges gardiens et ses divinités hostiles, et malheur à celui qui n'en tient pas compte. Nous disions que ce qui se construit dans l'*Énéide*, c'est l'émergence d'une pensée. Mais ce qui caractérise la pensée, c'est justement d'être au-delà du temps. C'est bien le statut de la Rome naissante : elle n'existe que dans une relation aux présages qui la dévoilent. De même, sur le Bouclier prophétique que Vénus offre à son fils Énée, au VIIIe livre, les épisodes de l'histoire de Rome sont situés sur les orbes, les cercles concentriques du bouclier et, de ce fait, échappent à toute tentative de classement diachronique, puisque l'avenir de Rome y est donné comme un tout indissociable, dans une forme de temps absolu.

On peut remarquer également, dans le même esprit, que la Descente d'Énée aux Enfers ne se contente pas d'abolir le temps : elle l'inverse, puisque l'ordre des rencontres qu'il y fait, celle de Palinure, puis celle de Didon et pour finir celle de Déiphobe, correspond à une remontée dans sa propre mémoire : Palinure vient de mourir, Didon est morte il y a quelques mois à Carthage, et Déiphobe est mort à Troie il y a sept ans. La progression dans l'espace et la progression dans le temps ne sont plus liées, comme dans l'espace « normal », elles sont inversées, comme dans tout processus initiatique qui est, d'abord, inversion, monde à l'envers, et « remontée du fleuve ».

Cette inversion du temps va de pair, dans l'*Énéide*, avec une inversion du sens de l'exil. Énée n'est ni un transfuge ni un homme sans racines. De même, l'exil d'Israël n'est pas considéré comme une punition, mais comme une mission. Partout, il y a une étincelle du passé de Troie, ou de la *Schekina*, qui attend d'être rapportée et restituée par un acte religieux. L'exil de l'âme dans ses réincarnations correspond alors à l'exil des corps dans leur histoire événementielle ; et dans les deux cas, celui de Rome et celui d'Israël, le personnage fondateur travaille à la restitution des choses, et de l'ordre du monde : chez les Juifs, le *Tikkun*, comme « réintégration », s'oppose au *Tsimtsum*, le « retrait » de Dieu ; de même à Rome, le héros fondateur restitue dans la terre promise de l'Ouest, l'Italie, le message perdu à la mort de la Ville sainte de l'Est, Troie. Paradis perdu et terre promise, *pothos* et *himéros*, désir nostalgique et désir projectif, sont les deux visages complémentaires du désir.

Car l'*Énéide* est bien, avant tout, un texte d'espérance. Il est intéressant de remarquer sur ce plan un parallèle avec la *Pharsale* de Lucain. Pourtant, a priori, les deux contextes sont bien différents ; l'*Énéide* est une épopée mythique, qui raconte l'aurore d'une nation ; et la *Pharsale* est une épopée historique postérieure de deux générations, écrite pendant le règne de Néron, et racontant la Guerre civile entre César et Pompée ; elle nous donne à voir le crépuscule de cette même Rome, au terme de l'expérience de la République. Si l'on n'est pas étonné que l'*Énéide*, ce récit des Origines, s'ouvre à une espérance, cela peut davantage surprendre dans le cas de la *Pharsale*. Mais les études récentes sur le sujet[36] montrent de façon probante que Lucain ne nous parle de la guerre civile que sous forme d'une mise en scène servant de prétexte pour s'adresser aux hommes de son temps. Et que leur dit Lucain, par la bouche de Caton, de Petreius ou de Scaeva ? Qu'il y a encore un message de réconfort et d'espoir pour échapper à la barbarie d'un pouvoir despotique. La liberté est encore possible. Mais désormais, c'est seulement dans la mort qu'on pourra la trouver : la mort, comme délivrance, comme victoire, comme voie de la *uirtus* et affirmation de la liberté absolue. Donc, le message de la *Pharsale* n'est pas défaitiste, ou résigné, comme le pensait Tacite lui-même à propos de la période. Par contre, il est bien crépusculaire : là où, dans l'*Énéide*, c'est la vie qui émerge, dans la *Pharsale*, c'est la mort qui est au centre de la constellation de l'action[37]. Mais que l'on prenne l'alpha ou l'omega, le début ou la fin, c'est bien, à Rome, l'espérance qui irrigue la vie de la cité.

Ainsi, l'émergence de Rome est avant tout l'émergence d'une pensée. Mais un mythe n'est pas désincarné. Il n'existe que parce qu'il prend forme dans une société, à laquelle il donne sens. C'est là que se situe le deuxième état de grâce de l'*Énéide* : la légende de Rome et son histoire sont liées, elles se vivifient mutuellement. Les processus de l'émergence de Rome se situent pendant sa période fondatrice, mais aussi tout au long de son histoire. Les antiquistes ont beaucoup, et bien travaillé sur cet imaginaire de la romanité, y compris dans ses origines. Citons, parmi les travaux récents, R. Brague[38], F. Dupont[39] ou P. Manent[40]. Tous nous disent qu'à Rome s'est développé un phénomène unique, contraire à l'ontologie habituelle du politique, et qui pose le principe d'une communication entre deux formes mères, mais opposées : la cité et l'empire. À Rome, même si l'*odium regni* est de tradition[41], et qu'il transcrit un traumatisme durable, dans les faits, l'Empire est sorti de la République, et

---

[36] Cf. Maria Victoria Manzano Ventura, *Los discursos de exhortación militar en la* Farsalia *de Lucano*, Madrid, Ediciones Clásicas, 2008.

[37] De la même façon, la trajectoire de l'*Énéide* est centripète, de la périphérie vers le centre, de Troie vers Rome, alors que la trajectoire de la *Pharsale* est centrifuge : du centre vers la périphérie, de Rome vers l'Afrique.

[38] R. Brague, *Europe, la voie romaine*, Paris, Gallimard, 1992.

[39] F. Dupont, *Rome, la ville sans origine*, Paris, le Promeneur, 2011.

[40] P. Manent, *Les Métamorphoses de la Cité. Essai sur la dynamique de l'Occident*, Paris, Flammarion, 2010.

[41] Cf. P.-M. Martin, *L'Idée de royauté à Rome*, tome I et II, Clermont-Ferrand, ADOSA, 1982 et 1994.

de son autodestruction, par une forme de métamorphose inédite. Là où Athènes s'était consumée, Rome s'est renouvelée. Comme le dit P. Manent, à Rome, la mort n'est pas mortelle[42]. Dès sa naissance, Rome vit dans et par la métamorphose. Cela ne veut pas dire qu'elle ignore la notion de limite[43] : le *pomœrium*, le *limes*, sont des réalités incontournables. Mais ce type de relation à l'espace a vite rendu floue la frontière de la *ciuitas*. Rome s'étend en ne cessant de jouer sur un métamorphisme, qui lie de façon complexe la diversité des peuples et l'extension du territoire[44]. D'un côté, l'empire apparaît comme un rassemblement, de l'autre, il est une figure de l'*unitas multiplex :* une image de Rome, l'*Vrbs*, reproduite dans une myriade de cités, qui sont autant de petites Rome. C'est bien une façon d'abolir la limite. Cela n'a pas échappé à Virgile, qui a su saisir l'esprit même de la romanité, en nous montrant cette métamorphose dans la genèse de Rome et dans sa création. C'est précisément le visage qu'il donne à la Rome naissante : une cité qui a une capacité à se métamorphoser, en assimilant l'autre dans sa différence féconde, justement parce qu'elle est née métissée[45]. Grâce à Tite-Live et quelques autres, on connaissait les légendes sur la fondation de Rome par Romulus ; Rome naissante y était perçue comme asile, où les proscrits, les sans-nom (et les sans-papiers...) trouvaient un refuge, mais surtout un rôle, une possibilité de participer à l'émergence d'une cité[46]. Dans l'*Énéide*, Virgile reprend la même tradition, mais en la faisant remonter jusqu'avant la fondation de Rome. Dès l'arrivée d'Énée, l'étranger, l'exilé, Rome, on l'a vu, s'élabore comme un rassemblement de forces originellement hostiles, et fédérées dans une alliance, celle des Troyens, des Étrusques et des Latins.

L'anthropologie moderne nous apprend que cela porte un nom : la complexité. Les bases de la systémique reposent sur cette capacité à l'émergence, à partir d'une relation entre des forces antagonistes qui produisent autre chose que leur simple somme. C'est pour cela que du « deux » de la guerre émerge le « trois » de l'alliance. C'est sans doute pour cette raison que la symbolique du tissage affleure si souvent dans l'*Énéide* : le tissage comme croisement entre une chaîne immobile de mémoire et une trame mobile de respiration, qui produit le *textum*, le tissu

---

[42] P. Manent, *op. cit.*, p. 143.

[43] Cf. J. Thomas, « Le sens de la limite chez les Épicuriens et les Stoïciens à Rome (Ier s. av. J.-C. - Ier s. ap. J.-C.) », in *Frontières terrestres, frontières célestes dans l'Antiquité*, Coll. « Études », Perpignan, P.U.P, (diff. De Boccard), 1995, p. 297-308.

[44] Cf. P. Manent, *op. cit.*, p. 173.

[45] Nous n'ignorons pas que F. Dupont fait beaucoup de réserves sur cette notion de métissage dans son livre cité.

[46] J. Thomas, *L'imaginaire de l'homme romain. Dualité et complexité*, p. 201-204.

même et le corps de la cité, comme espace complexe fondé sur le principe de la relation. Toute l'*Énéide* repose sur ce primat relationnel, jusque dans son personnage central : Énée, le héros voyageur et passeur, celui qui passe et fait passer[47], et qui donne sens en mettant de l'ordre dans le désordre d'un monde ensauvagé en attente de sa délivrance.

Nous voudrions développer un autre point. Les avancées de la science contemporaine nous aident à mieux comprendre que Virgile a eu l'intuition du lien que le récit mythique avait avec la *Gestalttheorie*, la théorie de la Forme. Nous avons d'abord insisté sur le primat des forces de la pensée dans l'émergence de Rome. Puis nous avons souligné que rien ne pouvait se faire sans une incarnation, un enracinement dans la matière. La *Gestalttheorie* permet de concilier les deux positions[48]. On sait que, pour la *Gestalttheorie*, la Forme est le dynamisme organisateur du cosmos, celui qui lui donne sens : il n'y a jamais eu de l'être et de la matière en séparation, mais en relation, et le sens du cosmos est justement dans cet entre-deux, dans cette relation universelle. Entre la « réalité en soi », inconnaissable, et la « réalité en moi », subjective, le poète nous donne à voir les Formes qui donnent sens au monde.

La naissance de Rome est alors à la fois une gestation et un accouchement : une *mise en forme*, la forme étant l'intermédiaire entre les Forces que l'homme ne peut atteindre[49], et la matière inerte. À travers la forme, l'esprit descend dans la matière, et la matière monte vers l'esprit. Le nom même de Rome, *Roma*, en était un symbole assez élégant à travers son anagramme, *Amor*, qui nous renvoie à Vénus, mère d'Énée, déesse de l'amour et divinité tutélaire des Romains[50] : dans le nom même

---

[47] De même, l'Hébreu, étymologiquement, est aussi « celui qui passe », et fait passer.

[48] Cf. J. Thomas, « Grecs et Romains "à deux têtes" : la non-séparativité de l'approche intuitive et de l'approche technique dans les processus de création poétique », in *Mythes et savoirs dans les textes grecs et latins* (Éd. J.-P. Aygon et R. Courtray), Actes du colloque international de Toulouse, *Pallas* 78, Toulouse, Presses Universitaires du Mirail, 2008, p. 33-40.

[49] Il y a tout un thème de l'aorasie dans l'*Énéide*. L'aorasie, *aorasia*, est le terme par lequel les Grecs désignent l'apparition d'un être divin que l'on reconnaît au moment où il disparaît. Cf. J. Thomas, « L'aorasie, ou la leçon de ténèbres. Du sens caché dans l'*Énéide* », in *Être Romain. Hommages in memoriam. Charles Marie Ternes* (R. Bedon et M. Polfer éd.), Remshalden, Greiner, 2007, p. 19-26.

[50] Plus précisément, Rome aurait eu plusieurs noms secrets, ésotériques, liés à la puissance de ses origines et de son développement, dont Amor, l'anagramme de Rome, et le nom de la force à l'œuvre dans l'*imperium*, mais aussi Flora, la

de Rome, sa forme cristallisée dans l'écriture, c'est Vénus qui veille sur le corps physique de la cité[51].

Enfin – *last, but not least* – il reste à évoquer les raisons pour lesquelles l'*Énéide* continue à parler au cœur de ceux qui la lisent, encore de nos jours, et reste un texte fondateur immarcescible, au même titre que l'*Iliade*, l'*Odyssée*, ou la *Divine Comédie*. Cette magie, on la doit à ce que l'*Énéide* est, d'abord, un mythe littéraire, écrit par un homme, Virgile, qui nous restitue toute l'histoire de Rome, à travers les battements de son cœur à lui, et les échos de sa propre mémoire. Paradoxalement, c'est grâce à cette intrusion de l'ego que le texte nous parle à tous. Sinon, il serait abstrait, désincarné. Virgile lui a donné sa pesanteur de chair et de sang, le poids de sa mémoire, la lumière de son génie. Par exemple, au VIe Livre de l'*Énéide*, Virgile nous montre les Champs-Élysées : mais comment décrire, avec les mots et les images des hommes, ce lieu imaginaire, non humain, que personne n'a vu ? On ne peut rester dans l'abstraction des idées, si pures soient-elles. Platon est un pionnier dans ce domaine, bien sûr. Mais il nous livre la théorie. Virgile et Ovide, d'une certaine façon, vont plus loin. En peintres du cosmos, ils évoquent les images comme des métaphores vives : elles sont puisées dans leur mémoire personnelle, dont elles ont la saveur, mais elles se chargent aussi d'une dimension symbolique qui en fait, au sens étymologique, des « lieutenants » du monde : elles « tiennent lieu », elles expriment les grandes forces cosmiques à travers les formes. Ainsi se résout l'antinomie initiale entre mémoire de l'absolu et mémoire de l'instant. L'instant devient un absolu, l'individu devient universel, le Moi devient le Soi ; on ne peut plus opposer temps absolu et temps instantané : le *punctum* assume toute la charge de l'absolu. En ceci, la création artistique prend bien une dimension à la fois initiatique et sacrée : elle permet d'entrer dans la profondeur et le mystère du monde, en nous et hors de nous.

Alors, Virgile a l'idée d'identifier sa mémoire personnelle à une mémoire absolue, et pour cela, de décrire le meilleur de sa mémoire affective : un souvenir de l'enfance et de son « vert paradis ». Et les

---

déesse de tout ce qui croît, fleurit et grandit, qui nous renverrait à notre théorie de la Forme incarnant le projet essentiel dans la matière. Cf. J. Thomas, art. « Noms secrets de Rome », in *Dictionnaire critique de l'ésotérisme* (J. Servier dir.), Paris, PUF, 1998, p. 939-940.

51 La volonté de César, et de Pompée, de compter Vénus parmi les ancêtres légendaires de leur famille, montre bien qu'ils étaient conscient de la signification symbolique – et de l'efficacité politique – de cette ascendance qu'ils revendiquaient.

Champs-Élysées deviennent une grande prairie où les abeilles bourdonnent, un jour d'été :

> « ...Et, comme dans les prairies où les abeilles, au serein de l'été, se posent sur des fleurs diaprées, s'épandent autour des lis blancs, toute la plaine bourdonne d'un murmure. » (VI, 707-709, trad. J. Perret).

L'ancien éditeur de Virgile à la Collection des Universités de France, André Bellessort, ne s'y est pas trompé, quand il écrit :

> « Nous ne pouvons rien concevoir de plus beau, de plus divin, au-delà de cette vie, que les paysages où nous avons pour la première fois admiré la douce lumière [...], les âmes y bourdonnent comme les abeilles de son enfance[52]. »

On remarquera que Virgile privilégie les notations auditives, et même olfactives, pour évoquer cette mémoire de l'instant éternel : elle est liée à un parfum, à une *essence*, dans l'ambiguïté même de ce mot, qui évoque à la fois une senteur pénétrante, et la relation à l'absolu. Ce n'est pas par hasard que les parfums et les odeurs jouent un rôle aussi grand chez Virgile, chez Ovide,... et chez Proust[53].

Le mythe littéraire apparaît alors comme une sorte de cristallisation par l'écriture : la ritualisation dans une forme, le genre épique ; et la création d'une forme de « monument » fait de la mémoire de l'auteur. Virgile y excelle, et Ovide ne travaille pas autrement dans ses *Métamorphoses*.

***

---

[52] Virgile, *Énéide*, A. Bellessort trad., tome I, Paris, Les Belles Lettres, 1970 (1925), p. 190, note 1.

[53] Cf. J. Thomas, « Mémoire et travail d'écriture chez Virgile et Ovide », in *Mémoire et identité. Parcours dans l'imaginaire occidental* (P.-A. Deproost, L. van Ypersele et M. Watthee-Delmotte dir.), Louvain, Presses Universitaires, 2008, p. 347-356.

C'est parce que l'*Énéide* vérifie ces trois tropismes (le mythe intemporel ; le mythe en action, le mythe littéraire) que, selon nous, elle accède à ce statut de texte fondateur immarcescible. Peu peuvent y prétendre. C'est le génie de Virgile d'y être parvenu.

Orphée

Sources : Apollonios de Rhodes, *Argonautiques*, I 23 sq. – Virgile, *Géorgiques* IV 453 sq. – Ovide, *Métamorphoses*, X 8 sq.

Interprétations : Calderon, *Le Divin Orphée* – Offenbach, *Orphée aux Enfers* – Anouilh, *Eurydice* (1942) – R.-M. Rilke, *Sonnets à Orphée* (1922) – D. Campana, *Chants orphiques* (1914) – J. Cocteau, *Orphée* (1949).

Iconographie : *Orphée sur la tombe d'Eurydice*, G. Moreau, 1890 – *Orphée enseignant aux hommes les arts et la paix*, Delacroix.

Opéra : *La Favola d'Orfeo*, Monteverdi (1607) – *Orphée* (cantate ; Rameau, 1721) – *Orfeo e Eurydice*, Gluck (1762) – *Orphée et Eurydice*, Haydn (1791) – *Orphée aux Enfers*, Offenbach (1858).

Cinéma : *Orphée ; Le Testament d'Orphée*, J. Cocteau (1949) – *Orfeu Negro*, M. Camus (1959) – *Parking*, J. Demy (1985).

Orphée est le grand maître de l'Occident mystique, le premier rédempteur de l'Occident : aux origines du Christianisme, la figure d'Orphée et les épisodes de sa légende se superposent souvent avec ceux de l'histoire de Jésus. Dans ce cas, mythe et religion tendent à fusionner ; l'histoire d'Orphée donne lieu à la fois à un mythe et à une religion, l'orphisme. Le mythe d'Orphée se signale par sa durée exceptionnelle et son influence sur l'imaginaire collectif : plus de dix siècles, en tant que pratique religieuse dans le bassin méditerranéen, et une deuxième vie, comme référence spirituelle dans d'autres mouvements religieux ou culturels européens. Orphée y apparaît comme l'archétype du Maître de sagesse, c'est-à-dire que l'orphisme est d'abord une attitude, un mode de vie et la proposition d'un modèle spirituel.

> « Orphée est originaire de Thrace, et la Thrace, la région du Danube et les rivages de la Mer Noire, pour un Grec, c'est le Nord, mais aussi et surtout l'Orient. On retrouve donc cette dialectique de l'Orient et de l'Occident, déjà repérée à propos du gnosticisme, et qui est une des trames de la construction du tissu culturel gréco-romain. On remarquera également que le dieu Dionysos lui aussi était censé venir de Thrace, pour bouleverser (régénérer ?) l'ordre occidental et la ville de Thèbes “endormie”. Rien d'étonnant donc qu'Orphée ait adopté la religion de Dionysos. Mais, dès l'instant où il l'adopte, il la réforme et la tempère. Remarquons au pas-

sage qu'il est présenté comme un homme aux pouvoirs surnaturels, mais non comme un dieu. La légende nous dit qu'il fut d'abord prêtre d'Apollon. Orphée apparaît donc comme un médiateur qui associe et met en relation Apollon et Dionysos, l'Occident et l'Orient, l'ordre et le désordre, le calme et l'enthousiasme, la lumière et la nuit, la logique et la folie. Rien d'étonnant, dans ces conditions, à ce que sa légende le présente comme l'Enchanteur, le maître de la musique et de l'harmonie, celui qui concilie les contraires dans un équilibre tempéré et nourri de leurs différences. Orphée est un Thrace qui vit comme un Grec, en même temps qu'un Grec qui vit comme un Thrace.

C'est pour cela qu'il a conservé des traits du chaman (la Thrace est le pays des chamans) : il est poète inspiré, magicien, il délivre des oracles, il est en relation avec le surnaturel. Mais en même temps, il est le modèle même du civilisateur : comme maître de la musique savante et de l'harmonie, on l'a vu ; mais, plus largement, son influence s'exerce toujours en faveur de la civilisation et de la paix ; il n'a pas d'attributs guerriers (à la différence d'Apollon, dieu de la lyre, mais aussi de l'arc), il enseigne l'agriculture, le renoncement au cannibalisme, au sacrifice sanglant ; il transforme les barbares en civilisés, les bêtes sauvages en animaux domestiques.

On connaît l'épisode lié à la mort de son épouse Eurydice, à la Descente d'Orphée aux Enfers, et à la perte définitive d'Eurydice. L'épisode est tardif dans la légende : il n'est attesté que chez Virgile, au livre IV des *Géorgiques*. Orphée y est montré comme défaillant, manquant de foi, puisqu'il se retourne pour voir si Eurydice le suit bien, comme les dieux le lui avaient promis.

Puis (parce qu'il n'aurait su faire son deuil ?), Orphée évita les femmes, et devint le promoteur de l'homosexualité (un universitaire anglo-saxon a même publié un article résumant vigoureusement la situation : "Orpheus : from *guru* to *gay*"[54]). Est-ce à cause de ce dédain qu'il suscita leur jalousie et leur courroux ? Toujours est-il qu'il fut tué par les femmes de Thrace, et mis en pièces (mais ce pourrait être un *diasparagmos* mystique et rituel, à la manière de ce que connurent le dieu Dionysos, et, selon certaines traditions, le personnage de Romulus). Sa tête et sa lyre furent jetées à la rivière ; et, nous dit la légende, la tête continuait de chanter[55]... »

Orphée apporte l'initiation la plus haute, celle qui met en relation avec le Verbe, le Son essentiel. D'où l'étymologie de son nom, Orphée

---

[54] J. Bremmer, « Orpheus : from *guru* to *gay* », in *Orphisme et Orphée* (Ph. Borgeaud dir.), Paris, Droz, 1991, p. 12-30.

[55] J. Thomas, *L'Imaginaire de l'homme romain. Dualité et complexité*, p. 165-166.

étant à rattacher au phénicien *arpha* = *aour*, « lumière et verbe » + *raphae*, « guérison » : c'est « celui qui guérit par le verbe et la lumière ». Il apparaît aussi comme le héros de l'harmonie et de la synthèse, à travers le symbole de la musique, et la réalité du Son primordial, le *mantra* : sur la nef Argo, c'est lui qui donne la cadence aux rameurs ; il aide les Argonautes à échapper aux Sirènes, car sa voix est plus puissante que la leur. Doté du même pouvoir sur les animaux que saint François d'Assise, il attire les arbres et les tigres, les végétaux et les animaux, tout le vivant à la fois. Il trouve la synthèse fondamentale de l'Être à travers son amour total pour Eurydice, qui coïncide avec le symbole de l'Androgyne. Le premier en Occident, Orphée réconcilie la spiritualité féminine *Yin* « nocturne » et l'héroïsme « diurne » *Yang* de la horde. En ceci, il est beaucoup plus équilibré, « civilisé », que les héros dont nous avons évoqué la légende (Persée, Bellérophon, Jason, Thésée), et qui étaient plutôt dans une logique d'opposition par rapport à l'élément féminin.

Avec Orphée, apparaissent des valeurs très hautes : celle de la rédemption, celle du dévouement. Sur ce plan, on pourrait le rapprocher d'Énée (ce n'est pas pour rien que Virgile, auteur de l'*Énéide*, est le seul des auteurs gréco-latins à nous raconter l'épisode d'Orphée et d'Eurydice, au livre IV des *Géorgiques*). Ce n'est pas pour lui qu'il descend aux Enfers (il est déjà initié), c'est pour sauver l'âme d'Eurydice.

Ainsi se dessine la figure du Rédempteur, en Occident, six siècles avant le christianisme, ... et il semble bien que ce soit une importation de l'Orient. On retrouve en Inde, des thèmes centraux de l'orphisme : la doctrine de l'initiation par le Son, le Mantra, celle de la création du monde sous forme de danse (la danse de Shiva), celle de la réincarnation[56]. En retrouvant l'Orient, Orphée a mis l'harmonie partout : entre Orient et Occident, entre homme et femme, entre sédentaire et nomade, entre action et sacrifice, entre Dionysos et Apollon.

Pour l'Occident, Orphée est une figure paradigmatique de l'Initiateur. C'est un fondateur de religion. Il fonde les Mystères d'Éleusis. Il pousse les Argonautes à se faire initier aux rites des Cabires, ces divinités mystérieuses, figures associées à la Genèse cosmique, à travers les processus de l'antagonisme et de l'alternance, et dont Énée fit connaître le culte en Italie. Dans ses *Argonautiques*, Apollonios nous raconte que les Argonautes faisant relâche avaient semé du grain : dans le champ d'Orphée, le grain leva et donna une vaste moisson ; mais chez les frustes rameurs de l'Argo, les semailles furent mangées par les oiseaux. On pourrait rapprocher cet épisode de la parabole des talents dans les

---

[56] Cf. D. Sabbatucci, *Saggio sul misticismo greco*, Roma, Ateneo, 1965.

Évangiles (*Jean* 12, 24), « Si le grain de blé tombé en terre ne meurt pas, il demeure seul, mais s'il meurt, il porte beaucoup de fruits ». Il est vrai qu'au Bas-Empire, ce rapprochement s'inscrit dans une tendance syncrétiste plus générale. C'est l'époque où l'empereur Sévère Alexandre

> « avait coutume de prier chaque matin devant les statues d'Apollonios de Tyane, de Jésus, d'Orphée et d'Abraham, en même temps que devant ses prédécesseurs déifiés et, pour faire bonne mesure, de *ceteros huiusmodi*, d'autres dieux de la même sorte ; ce qui permettait à l'historien Cornford d'écrire que l'orphisme rendit possible l'alliance du platonisme avec la religion du Christ et de saint Paul [57] ; c'est aussi la thèse de Dieterich[58]. Ce contexte explique des rapprochements, abusifs, et d'ailleurs récusés par les Chrétiens, entre orphisme et christianisme : l'iconographie nous montre un Orphée crucifié ; et on a confondu la représentation de l'"Orphée aux animaux" avec celle du Bon Pasteur. On a même dit que saint Paul était initié à l'orphisme ; et il se pourrait que l'idée (tardive) du Purgatoire chrétien ait trouvé son origine dans la notion orphique et pythagoricienne d'un état intermédiaire entre la vie sur terre et la béatitude céleste : peut-être la lune ? Dans le prolongement de cet esprit syncrétiste, à la Renaissance, Marsile Ficin associera Orphée et Hermès Trismégiste dans la chaîne des *prisci theologici*, ces guides de l'homme dans la montée vers la connaissance des vérités originelles ; et il les conciliera avec la Révélation chrétienne[59]. »

Le sens de la descente d'Orphée aux Enfers

C'est Virgile qui nous en parle, à la fin des *Géorgiques*. Quand Orphée descend chercher Eurydice, il ne tue personne, il ne se bat contre personne, à la différence d'Héraklès ou de Thésée : c'est le signe du passage à une forme de pensée plus élaborée, qui maîtrise les processus de médiation et de sublimation. Il joue de la lyre, et Cerbère se tait, les damnés sont soulagés, la roue d'Ixion s'arrête, Tantale est rassasié. Mais en remontant des Enfers, suivi d'Eurydice, et alors même qu'il a reçu l'interdiction de se retourner, il a un doute : et si elle n'était pas là ? Comme la femme de Loth quittant Sodome et Gomorrhe, il regarde derrière lui ; aussitôt, Eurydice disparaît, et il revient seul, désespéré, parmi les hommes. Ce doute est l'unique erreur d'Orphée[60]. Car dans le con-

---

[57] F. Cornford, *Greek Religious Thought*, London, Dent, 1923.

[58] W.K.C. Guthrie, *Orpheus and Greek Religions*, London, Methuen, 1935.

[59] J. Thomas, *op. cit.* p. 174.

[60] Il est peut-être à rapprocher de la défaillance de Jésus au mont des Oliviers : « Mon père, pourquoi m'as-tu abandonné ? » (*Marc*, XV).

texte mystérique, Dieu ne peut mentir. Dès qu'il pense, il crée. Du fait de son initiation, le myste participe de cette énergie primordiale. Penser, c'est agir. Douter qu'Eurydice soit derrière lui, c'est nier son existence même ; c'est, réellement, la tuer[61].

Le sens de la mort d'Orphée

On sait qu'Orphée meurt, mis en pièces par les femmes de Thrace. On a souvent donné des connotations négatives à cet épisode : les femmes de Thrace l'auraient tué pour son infidélité à Eurydice, ou parce qu'il était devenu homosexuel, ou encore parce qu'il avait fondé les Mystères d'Éleusis, où seuls les hommes étaient admis. Pourtant, les communautés orphiques étaient ouvertes aux deux sexes ; et la poétesse Sappho fut initiée aux Mystères d'Orphée. Il serait donc plus vraisemblable de penser que ces femmes étaient, en fait, des Bacchantes ; or dans le culte de Dionysos, ces rituels de démembrement sont faits par amour, pour s'assimiler la substance du dieu : c'est le sens de l'omophagie, la consommation de la viande crue d'un chevreau démembré qui symbolise le dieu. La mort d'Orphée n'est donc pas la transcription d'un échec, comme celle de Jason ou de Thésée. Comme dans le rituel de Dionysos, elle correspond à une phagie sacrée, qui préfigure la communion chrétienne où, sous la forme euphémisée de l'hostie, les fidèles se nourrissent du corps du dieu[62].

---

[61] On sait que les plus récentes recherches en neuro-imagerie cérébrale établissent que voir et imaginer activent les mêmes zones du cerveau ; lorsqu'on demande à une personne sous IRM fonctionnel de penser à une image, on constate que le réseau activé comprend les zones où sont traités les aspects sémantiques de l'image (relevant de l'imagination), mais aussi les zones spécialisées dans le traitement de l'image rétinienne (relevant de la vision). Autrement dit, comme nous le soulignions p. 15, que je voie mon chat en chair et en os, ou que je l'imagine, il n'y a aucune différence pour mon cerveau ! Belle promotion de l'imaginaire, y compris sous ses formes mystiques.

[62] Nous retrouvons là une des versions de la mort de Romulus : ses proches l'auraient mis en pièces, et auraient emporté les morceaux de son cadavre cachés sous leurs vêtements. C'est une des explications données à la disparition du corps de Romulus après sa mort.

TROISIÈME PARTIE

La grammaire universelle des mythes

LE SYSTÈME MYTHOLOGIQUE

« L'homme n'est pas une chose, mais un drame, un acte… La vie est un gérondif, non point un participe, elle est un *faciendum*, non point un *factum*. L'homme n'a pas une nature, mais il a une histoire. »

(J. Ortega y Gasset, *Historia como sistema,* VII)

« Le temps aujourd'hui retrouvé, c'est le temps qui ne parle plus de solitude, mais de l'alliance de l'homme avec la nature qu'il décrit. »

(I. Prigogine, *La Nouvelle Alliance*, p. 29)

La mythologie gréco-romaine : une histoire de la violence

Entre les récits de la cosmogonie et la geste des héros, il y a un point commun : ils racontent comment la vie, d'abord dans les limbes de la création du monde, puis dans les linéaments de la psyché humaine, dans les rouages de l'organisation sociale, s'est toujours élaborée dans une polarisation entre un chaos et une organisation. Ce chaos prend une forme concrète : la violence ; violence des forces primitives, celle de Kronos dévorant ses enfants, celle des Titans et des Géants, et de tous ces monstres qui peuplent la théogonie. Puis violence intérieure de la psyché, celle qui pousse les héros à sortir de l'humanité, et à régresser vers des formes de barbarie et de sauvagerie primitives, et qui confine à la folie : celle qui emporte Médée, Ajax, les Atrides, Bellérophon, Héraklès dans la première période de sa vie. D'où une question lancinante autour de laquelle va s'organiser le récit mythologique : comment canaliser, dépasser, alchimiser cette violence qui habite l'homme, qui le renvoie à ses origines animales ? Comment ne plus être un barbare, un sauvage, un animal ? Il est vrai qu'une bonne part des mythes, et aussi de la société grecque, tourne autour d'une réflexion sur la violence : les Euménides succèdent aux Érinyes, la vendetta et la vengeance individuelle s'effacent devant les lois et la justice. Ces questions n'ont pas d'âge : elles continuent à se poser dans nos sociétés, où la violence est bien présente, sous des formes multiples, où elle revient, alors même qu'on aurait pu la croire vaincue par les avancées de nos civilisations. Il est alors bien instructif pour nous de voir la réponse que les mythes gréco-romains leurs apportaient : comment ne pas attacher de prix au message d'une civilisation à laquelle nous devons l'invention de la démocratie, ce système à la fois fragile et sublime, qui définit la meilleure relation possible entre citoyens comme une tension, toujours remise en question, entre deux pôles, en eux-mêmes mortifères : la tyrannie, comme excès d'ordre, et l'anarchie, comme excès de désordre ? Toute l'histoire de l'Antiquité est dans cette fragilité : la démocratie est sur un sommet, comme l'acrobate sur son fil :

entre deux précipices. La chute est toujours possible, mais la grandeur est justement dans la capacité de maintenir l'équilibre.

Virgile, ou le dépassement de la violence

On l'a dit, tous les héros mythologiques mènent, ou tentent de mener ce combat essentiel contre la violence, à moins qu'ils n'y succombent. Thésée, Jason, Bellérophon, Héraklès, n'y échappent pas. Orphée, ce non-violent, en est la victime, avec le profil christique de son destin. Mais c'est peut-être l'histoire d'Énée qui est la plus éclairante, dans ses rapports avec la violence. Elle fonde tout le discours de l'Antiquité sur la violence, et les chemins de son dépassement possible. Les neurosciences nous apprennent que nous avons toujours en nous un cerveau primitif, reptilien, celui qui ressort dans les paniques collectives. En même temps, notre cortex supérieur est capable de métamorphoses étonnantes, et on commence seulement à exploiter toutes ses possibilités. Étrange destin que celui d'*Homo sapiens*, entre ces abîmes. L'Antiquité, à sa manière, et avec ses mots, en avait pleinement conscience, lorsqu'elle situait l'homme entre l'animal et le dieu, avec cette lourde tâche de porter en lui cette double postulation comportant, à chaque instant, le risque d'une irruption insoutenable de l'un ou l'autre monde. Il n'en est pas moins que tous les efforts de l'humanité tendent à l'arracher de la barbarie, pour sublimer son existence, la métamorphoser, et la faire accéder à une autre dimension spirituelle, où l'altruisme, l'amour, le don de soi, la justice, la vérité ont un sens. Tout cela se cristallise autour d'un dépassement de la violence. Les Romains se sont beaucoup battus pour cela, leurs constructions juridiques, toujours actuelles, en sont la preuve. Et l'histoire de leur fondateur, Énée, est d'abord celle d'une lutte contre la violence[1]. Virgile lui-même a vécu dans la violence : expropriation, violence des guerres civiles, des guerres extérieures. La Rome républicaine qu'il a connue vit ses derniers instants dans des convulsions mortifères. En artiste de génie, il a su exprimer, au-delà de son cas particulier, l'essentiel de cette situation à travers l'histoire d'Énée. Car la violence est partout dans l'*Énéide*. C'est celle des séparations, des meurtres, des choix dirimants. Le voyage du héros est le passage obligé dans cette violence. Mais au cœur même de cette crise, il va réussir à lui trouver une valeur cathartique et anagogique. Quelque part, la violence destructrice, comme l'exil, est, à sa manière, fondatrice, dans l'*Énéide*. On pense à saint Paul : « Plus je suis faible et plus je suis fort » (*Corinthiens*, 12, 10).

---

[1] Les pages qui suivent sont inspirées de notre article « La violence transformée » in *Virgile*, *Europe* n° 765-766, janvier-février 1993, p. 54-61. – Pour une étude de détail des images de violence dans l'*Énéide*, cf. J. Thomas, *Structures de l'imaginaire dans l'Énéide*, p. 33-54.

L'histoire d'Énée, c'est donc celle d'une violence transformée, dépassée, canalisée. Après l'œuvre au Noir de la mort de Troie, le héros ne peut échapper à un terrible trempage par le feu. Les bergers des *Bucoliques* avaient bien tenté de s'y soustraire, en plaçant le *locus amoenus* de l'Arcadie heureuse au centre du monde, et la barbarie des ténèbres extérieures à la périphérie : pour être heureux, il suffisait de rester dans ce paradis. Mais dans l'*Énéide*, ce déni du réel n'est plus possible : les hommes savent que la violence est partout, et particulièrement en soi. Donc, on ne peut y échapper, et par voie de conséquence, on ne peut faire l'économie du voyage, dans le monde géographique, mais aussi dans son propre monde extérieur, pour en affronter les démons. Au bout du compte, comme dit Rimbaud, « on ne part pas »[2], et le voyage physique n'est que le support du voyage intérieur, qui n'est lui-même que l'annonce et la préparation du voyage eschatologique *post mortem*. Mais les trois voyages sont liés, comme dans les Travaux d'Héraklès. C'est ainsi que, dans l'*Énéide*, l'action alchimise et transforme une violence et un désordre qui sont par ailleurs dans la nature des choses : grâce au héros, le cosmos émerge du chaos. En ceci, la marche héroïque est bien à contre-courant – le courant étant la tendance à se laisser aller à la violence. C'est précisément la caractéristique d'une démarche initiatique : inverser le courant.

Dans cette structure holiste, où tout se tient, chaque épisode, chaque symbole sont à eux seuls comme un résumé et une récapitulation de l'ensemble du récit. Ils sont une partie de l'ensemble, mais tout l'ensemble est contenu en eux. Ils ne signifient rien en eux-mêmes, mais ils sont chargés d'une ambiguïté qui les relie à l'ombre et à la lumière, à l'ordre et au désordre, à la construction et à la destruction. Ils sont ce qu'en fera le voyageur. Le feu, la mer, la forêt, ne sont ni bons ni mauvais dans l'*Énéide*. Ils sont liés au combat intérieur. C'est par ses choix que le héros leur donne sens. Pour cela, il faut apprendre à lire. C'est toute l'ascèse de l'éducation du regard, comme prophylaxie contre la violence et ses déchaînements informes. L'histoire d'Énée, c'est l'émergence de la civilisation contre la barbarie. Virgile nous fait partir d'un regard partiel, perdu, angoissé, où la violence, c'est le chaos. Puis cette vision s'élargit, en sorte que la violence devienne une des instances constitutives d'un désordre fécond (la guerre en Italie) qui finit par devenir vivifiant, et se déployer en une harmonie, un « chant du monde » complexe, où la civilisation se nourrit des forces de l'ensauvagement qu'elle a dompté. C'est en cela que Virgile est l'homme de ce que B. Otis appelle en une belle formule « *civilized poetry* », « une poésie de la civilisation »[3]. À travers le génie de l'artiste, c'est bien le récit mythologique de la fondation qui rend

---

2 *Illuminations*, « Départ ».

3 B. Otis, *Virgil. A Study in civilized Poetry*, Oxford, 1964.

le mieux compte de la complexité du vivant, tissé entre le rigide et le souple, l'ordre et le désordre, sans jamais sacrifier à la schématisation ; car certes, les morts et les souffrances de l'*Énéide* ne sont pas inutiles, elles participent à une construction collective, et personnelle ; mais chaque héros mourant ne peut s'empêcher de dire, comme Antorès, qui se souvient de sa « douce Argo » (X, 781-782) : « Oui, mais c'est *moi* qui meurs, et qui ne reverrai jamais les ciels de mon enfance. ». Cela, Virgile a su aussi le dire.

On comprend alors que l'*Énéide* soit inachevée, comme beaucoup d'autres chefs d'œuvre : le Perceval de Chrétien de Troyes, la plupart des toiles de Léonard. Par-delà les circonstances contingentes, cela signifie aussi que l'œuvre est une béance qui ne cesse de se fermer et de se rouvrir – c'est le sens étymologique de *chaos* –, mais que, comme la vie, elle ne peut jamais être finie, close, immobile, limitée, sous peine de ne plus être vivante. En laissant l'œuvre ouverte, son créateur fait acte de respect : elle lui échappe, elle est toujours au-delà de ce qu'on pourrait en dire. Sorti de la violence destructrice, le héros de l'*Énéide* fait, à la fin du récit, l'expérience de ce qu'on peut appeler la vision mystique du sublime ; et il découvre que le sublime est ineffable ; mais c'est sa fierté d'avoir entr'ouvert la fenêtre.

Thérèse d'Avila écrivait « Le monde est en feu ». Après avoir lu Virgile, cette phrase prend deux sens : d'une part, nous sommes spectateurs de la violence éternelle, à l'œuvre dans le temps de Virgile comme dans le nôtre. Mais aussi, nous sommes cette combustion, et il ne tient qu'à nous de métamorphoser ce feu, cette force, et de lui ôter sa puissance mortifère pour en faire un feu artiste au sens alchimique, créateur. C'est ce que nous apprend l'*Énéide*.

C'est à partir de textes comme l'*Énéide* que les Romains ont développé une très belle réflexion sur la barbarie. On pourrait croire que le concept de barbarie est d'abord fondé sur une exclusion de l'autre, comme différent. C'est peut-être vrai chez les Grecs. Mais les Romains ont su donner à ce concept une acception plus haute et plus exigeante[4]. Pour un Romain, la barbarie, c'est d'abord une tendance que l'on a en soi, qui nous tire vers l'animalité et qu'il faut dépasser. La pire barbarie, c'est donc une barbarie intérieure, c'est contre elle qu'il convient de mener le grand combat vers lequel culminent toutes les valeurs de la roma-

---

[4] Sur ce point, cf. deux ouvrages fondamentaux, Y.-A. Dauge, *Le Barbare. Recherches sur la conception romaine de la barbarie et de la civilisation*, Bruxelles, coll. « Latomus », 1981 ; et J.-F. Mattéi, *La Barbarie intérieure. Essai sur l'*immonde *moderne*, Paris, PUF, 1999.

nité. L'Autre est alors comme un miroir dans lequel nous voyons nos propres imperfections ; et, pour les Romains, la connaissance des Barbares a été un outil d'analyse et de critique vis-à-vis d'eux-mêmes, voire un instrument d'amélioration de leur propre civilisation.

Pérennité du mythe : le mythe comme « chant profond »[5] de l'humanité

« La mythologie consiste à maintenir l'idée d'éternité dans la catégorie du temps et de l'espace ».

(Kierkegaard)

Avec les mythes, l'imaginaire gréco-romain s'est donc construit sa légende, dans tous les sens du mot : du latin *legenda*, « ce qui doit être lu », c'est-à-dire à la fois la transcription de ce qui est essentiel, et également le souci de transmettre ce contenu aux générations futures, pour faciliter leurs apprentissages.

En particulier, pour les Grecs, les mythes sont une représentation imagée et dramatisée de l'inconnu ; c'est le seul discours possible, chaque fois qu'on est amené à imaginer ce qui est trop éloigné de soi, dans le temps comme dans l'espace, ou ce qui reste incompréhensible avec les moyens de compréhension dont nous disposons[6]. En ceci, pour les Anciens, le récit mythique est clairement complémentaire de l'approche scientifique : il en prend le relais, lorsqu'elle est inopérante devant l'inexplicable. Le mythe dit le merveilleux parce que, suivant un grand principe psychanalytique, il faut d'abord que les choses soient dites avant d'être comprises.

Mais l'inexplicable n'est pas seulement dans l'environnement de l'homme ; il est aussi dans le mystère de son intériorité, et en particulier dans les méandres obscurs de sa psyché. Sur ce plan, on l'a vu, les récits mythiques transcrivent les grandes aspirations de l'âme humaine : vers le sublime et le désir d'absolu et de perfection (même si, on l'a vu, celle-ci est impossible à atteindre) ; et vers la sublimation, et le désir de réconciliation des contraires, dans le monde et dans notre psyché. Perfection et évolution : ce sont bien les deux grandes postulations vers lesquelles tendent aussi les processus initiatiques. Il est intéressant sur ce point de remarquer qu'en grec, initiation se dit *télétê*, qui marque l'idée

---

[5] Nous empruntons celle belle expression à F. Garcia Lorca.

[6] Cf. J. Boulogne, « Le Mythe pour les anciens Grecs », in *Mythe et Création, Uranie*, n° 1, 1991, Lille, Presses de l'Université, p. 17-30.

d'achèvement, d'accomplissement, de rencontre avec le sublime ; alors qu'en latin, le mot *initiatio*, renvoyant à *inire*, « entrer dans », insiste, lui, sur le mouvement, le passage, la modification, la sublimation. Le génie de chaque langue met plutôt l'accent sur l'un ou l'autre aspect ; mais seule leur association donne une lecture complète du processus initiatique.

En ceci, bien sûr, pour un Grec ou un Romain, le mythe touche au sacré : justement parce qu'il échappe au quotidien, à la banalisation. Il parle d'un monde extra-ordinaire. Mais en même temps, ce monde est aussi le nôtre, même si nous ne savons pas toujours le voir. Le mythe est dans le même rapport avec le quotidien que le sacré avec le profane : ils sont liés inextricablement. Trop de sacré tue le profane, par une sorte de combustion, d'exposition à une énergie insupportable (on se souvient qu'Ulysse et Calypso ne mangent pas à la même table); mais inversement, trop de profane tue le sacré, en le banalisant et en l'étouffant sous le poids de la matière. Tout l'enjeu des rituels est de trouver un équilibre dans la cité, entre le profane et le sacré ; les fêtes, les calendriers, les cérémonies cultuelles jouent ce rôle médiateur[7]. De même, le mythe et l'histoire se vivifient réciproquement : le mythe des origines donne sens à l'histoire, qui sans ce référentiel fondateur, ne serait qu'une succession d'événements sans signification ; et inversement, sans l'hypostase et l'incarnation charnelle de l'histoire, le mythe resterait une pure abstraction.

Ceci dit, on ne peut pas toujours respirer l'air des cimes : l'épisode de Philémon et Baucis, tel que le raconte Ovide (*Mét.* VIII, 601-724) est là pour nous rappeler que la mythologie nous montre aussi des images et des modèles d'un bonheur paisible, fait de la joie d'être ensemble, dans un couple, et de l'aptitude à profiter du temps qui passe, et des petits riens qui font la qualité du quotidien. À travers ce *carpe diem*, c'est toute une sagesse qui se dégage, faite d'équilibre et de modestie. Dans son apaisement, elle a des échos de l'Âge d'Or. Les mythes nous parlent aussi de cette voie.

Donc, pour une société traditionnelle, le mythe constitue la légende, l'ensemble des savoirs et des espoirs qui sont indispensables à cette société, en particulier pour tout ce qui touche à ce qu'elle ne peut expliquer rationnellement. En ceci, son contenu est stable, pérenne, et on serait tenté de le rapprocher du discours religieux. Le mythe est même, comme le dit M. Detienne, « la terre natale de toutes les formes symboliques »[8] :

---

[7] Cf. J. Thomas, *L'imaginaire de l'homme romain*, p. 155.

[8] M. Detienne, *Les Grecs et nous*, Paris, Perrin, 2005, p. 39.

« La mythologie rassemble en elle les vertus originelles du parler et du croire. Dans la croyance qui fonde l'unité de son expérience, la mythologie est une pensée religieuse – ou du moins une religion en puissance. La religion est déjà tout entière présente dans l'expérience mythique. Concomitante au langage et à la religion, la mythologie se voit assigner une fonction centrale dans la théorie de l'esprit humain[9]. »

Mais, alors que la religion transmet un message *ne varietur* qui tend essentiellement, pour les sociétés traditionnelles, à codifier les rapports entre l'homme et le cosmos, le mythe est dynamique, il propose d'abord un apprentissage, une initiation. Cela explique que chacun l'appréhende à sa mesure, et avec ses moyens. Dans sa recherche du sublime, le parcours héroïque est d'abord, on l'a vu, un exercice de libération : libération du désir qui asservit, des lois, des conditions, des limites. Au terme de leur quête, nos héros se fixent le même objectif : atteindre à la plénitude de l'être. Mais ils y parviennent par des moyens bien différents. Nous repérons au moins trois voies, semblables dans leurs principes, mais très différentes dans leurs formes :

— *La voie d'Orphée* : *être comme un dieu*. C'est la recherche orphique de la perfection dans le renoncement. Les Orphiques posent comme une condition préalable à l'initiation, la pratique d'une vie conforme à des règles de pureté (il faut que le vase soit pur), et en particulier, le refus, à travers le végétarisme, de perpétuer la souillure que représente le sacrifice sanglant, le sacrifice prométhéen pratiqué dans la tradition hésiodique de la religion grecque classique. Les Orphiques insistent sur le fait que « beaucoup portent le thyrse, mais peu deviennent des Bacchants » (Platon, *Phédon*), ce qui veut dire que beaucoup participent aux rites, mais que peu les vivent de l'intérieur, et mettent en pratique tout ce que l'orphisme jugeait nécessaire pour atteindre l'union parfaite avec le dieu :

« L'exigence de pureté, même si elle est ritualiste, donne une autre dimension à l'orphisme, à travers le souci de privilégier l'âme au corps. Pour l'orphisme, l'âme est l'être réel ; d'où une ambition qui, pour les Grecs, était *hybris*, orgueil : on peut devenir dieu, se fondre en Dieu, le retrouver (les Gnostiques le pensaient aussi), à condition d'avoir la connaissance qu'apporte l'initiation et la révélation d'Orphée. Or pour cette

---

[9] *Ibid.*, p. 39.

rédemption, l'âme a besoin d'un ascétisme absolu, ce qui conduit l'initié à une forme d'exigence personnelle, de code de conduite[10]. »

Dans ce contexte, la nourriture idéale, ce serait l'absence de nourriture ; seront privilégiés tous les aliments non carnés (fleurs, fruits, sont les offrandes du sacrifice), et les parfums, qui nourrissent le dieu sans passer par l'avilissement bestial de la consommation de chair animale.

– *La voie d'Ulysse : être comme un homme.* Ulysse choisit une voie médiane. Pour lui, l'homme ne se réalise pleinement qu'en suivant un chemin spécifique à l'humanité, qui n'est ni celui des dieux ni celui des animaux. On retrouve l'idéal grec d'harmonie dans cette voie médiane, qui privilégie la « nourriture des hommes » : la consommation licite d'une viande purifiée par le sacrifice prométhéen, et surtout l'archétype méditerranéen de la nourriture selon P. Matvejevitch[11], le pain, le vin et l'huile. Ce qui caractérise ces trois nourritures, c'est d'être à l'image de l'homme : associées à un processus de métamorphose et de transformation. De même que l'homme évolue de sa naissance à sa mort, et qu'il est pris dans un cycle de transformations à la fois subi et maîtrisé, de même le blé, le vin et l'huile sont, par excellence, des nourritures liées à une forme d'alchimie, à une « passion » (au sens étymologique de *pathein*, souffrir, supporter) et une mort, au terme d'une série de passages de type initiatique : l'olive broyée se transforme en huile, nourricière et source de lumière dans les lampes ; le blé est d'abord vanné, avant d'être cuit ; il est passé par deux épreuves du feu : la coction naturelle des épis par le soleil, puis la cuisson « culturelle » par l'homme, dans le four à pain. Le raisin, lui, est écrasé avant d'être livré à la fermentation, il meurt dans le pressoir pour renaître en vin au prochain printemps[12].

Fondée sur un principe de métamorphose, cette « nourriture des hommes » est bien à l'image de l'homme tel que se le représente l'Antiquité : un *homo viator*, en marche et en transformation, selon un processus initiatique. En même temps, elle est le fruit du concours de la Nature et de l'industrie humaine : le pain, on l'a dit, subit successivement une coction par la Nature (après une germination mystérieuse sous terre, c'est l'éclosion des épis au soleil) et une cuisson par l'homme, dans le four à pain. Les deux processus sont indispensables, et ils soulignent cette

---

10 J. Thomas, *L'imaginaire de l'homme romain*, p. 173.

11 P. Matvejevitch, *Bréviaire méditerranéen*, Paris, Payot, 1987.

12 Pour un bon état des lieux sur la place du vin dans les religions du Livre, et pour une bibliographie actualisée sur la question, cf. G. Ferré, *L'Âme du vin. Symbolisme et spiritualité dans les trois religions*, Paris, Dervy, 2012.

alliance entre l'homme et le cosmos chère à l'homme grec. Être un homme, dans ce contexte, c'est d'abord participer à cette alliance, et la vivre.

— *La voie de Dionysos : être comme une bête*. C'est la voie particulière, dangereuse, des Mystères dionysiaques : en s'identifiant à l'animal-totem, l'homme prend le risque de se perdre dans l'animalité, mais c'est pour se fondre dans le grand Tout du cosmos. Dans la civilisation grecque, le culte de Dionysos (venu de la Thrace) est le seul à avoir adopté cette attitude paroxystique, proche du chamanisme, très éloignée de l'idéal grec d'harmonie et de juste milieu, et consistant à passer par un extrême pour atteindre l'autre : par le recours au *diasparagmos*, au démembrement d'un animal vivant, et aux courses folles des Bacchantes, être comme un animal, pour être comme un dieu.

Mais si les voies sont multiples, il ne s'en dégage pas moins des constantes dans le processus du cheminement héroïque. La quête est alors, d'abord, transformation et sublimation du désir humain, toujours mimétique, et toujours frustré, en Amour qui touche au transpersonnel.

On a vu que le désir, l'Éros, était le grand moteur du mythe, mais qu'il était sublimé par l'écriture, par exemple, chez Ovide. C'est pour cela que psychanalyse et mythanalyse sont liées. Jung, Durand, Hillman, Desoille, Diel l'ont bien compris : la psychanalyse est aussi un exercice de mythanalyse[13], puisqu'elle ne cesse, pour comprendre la psyché de l'homme moderne, de revenir aux mythes anciens. C'est une façon de reconnaître que les mythes ont une action créatrice et organisatrice sur le désir humain. La psychanalyse va jusqu'à dire que c'est l'inconscient (et pas le conscient) qui croit aux mythes. C'est d'ailleurs la critique essentielle que lui adressent Deleuze et Guattari dans leur *Anti-Œdipe* : pour eux, la psychanalyse est « une longue erreur qui bloque les forces productives de l'inconscient, les fait jouer sur un théâtre d'ombres où se perd la puissance révolutionnaire du désir dans une relation triangulaire de la famille »[14]. Les prises de positions récentes du philosophe Michel Onfray

[13] La mythanalyse est une méthode d'analyse des mythes qui en tire à la fois le sens psychologique et le sens sociologique. La mythocritique analyse des formes littéraires, des œuvres qui racontent le mythe et le mettent en forme. Là-dessus, cf. J. Thomas, *Mythanalyse de la Rome antique*, Paris, Les Belles Lettres, coll. « Vérité des mythes », 2015.

[14] G. Deleuze et F. Guattari, *L'Anti-Œdipe*, Paris, Minuit, 1972, 4e de couverture.

vont dans le même sens. Pour Onfray, Deleuze, et Guattari, la psychanalyse accrédite la définition platonicienne du désir comme manque, *pothos* s'opposant à *epithumia*, le désir projectif. En ceci, la démarche psychanalytique s'inscrit dans cette tradition philosophique selon laquelle le désir est marqué de négativité (terrain sur lequel elle retrouve le christianisme). Rares en effet sont les philosophes qui, comme Spinoza ou Nietzsche (ou avec des nuances Schopenhauer, et son « vouloir vivre »), affirment la positivité absolue du désir comme expression d'une volonté de puissance. Mais Nietzsche est aussi un recréateur de mythes ; et par ailleurs, c'est avoir mal lu Platon que de l'interpréter de façon aussi restrictive.

Au-delà de cette critique, il est intéressant de voir la littérature comme étant l'entre-deux, le pont qui permet de délier le nœud psychanalytique : entre la Force indicible et la Matière muette, elle participe de la Forme qui relie et donne sens ; en ceci, elle résout le conflit du mythe et de la littérature face au désir. Le monde artistique et littéraire, c'est par excellence celui de la forme : les mots, le travail du peintre et du sculpteur donnent forme ; nous avons bien là une *Gestalttheorie*, une théorie de la Forme.

Le mythe est alors une des façons les plus fortes de dire la puissance impersonnelle du désir (alors que psychanalystes et sociologues l'expliquent par le social, le sexuel, etc. ; mais on a vu l'insuffisance du « trop dire »). Les *Métamorphoses* d'Ovide, c'est la relance de l'émerveillement poétique devant la poussée du désir, qui sourd des premières métamorphoses cosmiques, comme l'a si bien exprimé Lucrèce dans le prologue du *De rerum natura*, puis emporte les dieux, et ensuite les hommes, dans ses entrelacements. Le mythe dit cette force vitale. Et Ovide est le grand maître de ce chant du désir, de ce *paraklausithuron*, ce « chant devant la porte fermée ». On le voit dans toutes ses *Métamorphoses* : dans l'histoire de Philomèle la muette, et de sa lutte pour garder une parole, et par là un désir ; dans l'histoire d'Écho, amoureuse impuissante de Narcisse ; dans celle d'Io et son aphasie comme impossible énonciation du désir ; mais aussi dans celle de Pygmalion et d'Orphée, ces deux paradigmes du désir humain, qui, à un moment de leur histoire, renoncent à la sexualité, et en réparent le manque par une activité créatrice : la sculpture, la poésie. Chez Ovide, le chant du désir est double : frustration, devant l'obscur objet du désir, et en même temps dépassement de cette frustration, dans l'art et l'écriture comme déliage, formulation, réintégration. Prise dans cet entre-deux, la métamorphose est toujours, chez Ovide, un « anti-destin » au sens où Malraux utilise cette formule, et une euphémisation de la mort, dont le caractère inéluctable est adouci par les mots gravés, les inscriptions florales, les épitaphes, comme signifiant à la fois pétrifié et vivant de l'objet : les larmes de pierre de Niobé coulent pour l'éternité.

Cette aptitude d'Ovide à faire vivre le mythe dans le récit de la métamorphose s'affirme encore à travers la façon dont il interprète et transforme les légendes. On le voit dans la légende d'Alcyoné et de Céyx. Avant Ovide, la légende est assez banale. C'est une histoire d'*hybris* et de punition. Alcyoné et Céyx étaient si heureux, et si contents de l'être, qu'ils énervèrent Zeus (avaient-ils péché par *hybris* ?). Il les transforma en oiseaux (lui en plongeon, elle en alcyon), dont le nid était sans cesse détruit par les vagues de la mer, jusqu'au moment où Zeus magnanime fit calmer les vents pendant les deux semaines où couve l'alcyon, appelées les « jours de l'alcyon ». En modifiant ce récit originel, Ovide lui a donné de la profondeur. Chez lui, Céyx, marié à Alcyoné, se noie pendant une tempête. Alcyoné découvre son corps, et de désespoir elle se transforme en un oiseau au cri plaintif. Les dieux accordent une métamorphose semblable à son mari. Ils sont redevenus un seul être. Ovide réintègre dans le récit le thème mystique de l'androgyne, si vivant dans l'imaginaire de la période : dans cette réconciliation de masculin et féminin, nous dépassons une simple interprétation psychanalytique selon laquelle chacun est le désir de l'autre.

Cette thématique du désir culmine dans l'histoire de Pyrame et Thisbé, les Roméo et Juliette de Babylone. Leur désir amoureux frustré commence par le *paraklausithuron* : le mur mitoyen de leurs maisons où leurs familles les enferment, et qui les sépare et les rapproche à la fois. On remarquera là encore l'intéressante paronymie (lacanienne ?) entre *murus*, le mur, *murmur*, les propos qu'ils échangent de chaque côté, puis *morus*, le mûrier, que, dans la suite du récit, Pyrame mourant inonde de son sang. On connaît l'histoire : Thisbé, la première au rendez-vous qu'ils s'étaient fixé, s'enfuit devant une lionne, qui déchire de son mufle sanglant le voile de Thisbé. Quand Pyrame voit la lionne, et le voile plein de sang, il pense que, du fait de son retard, et donc par sa faute, Thisbé est morte, et il se tue avec son épée. Son sang jaillit jusque sur les fruits du mûrier, qui étaient blancs jusqu'alors, mais seront désormais rouge. Thisbé découvre le drame, et, avec la même épée, le rejoint dans la mort. C'est ainsi que la mémoire des deux amants est éternisée dans la Nature même, à travers la couleur des fruits du mûrier. Comme il est dit dans une chanson d'Édith Piaf, « Dieu réunit ceux qui s'aiment », et Ovide a su l'exprimer avec ses mots. L'œuvre d'art, et son inscription florale, sont l'anti-destin qui permet le dépassement de la tragédie, la fusion après la séparation.

Ainsi, les mythes sont constitués de récits *entrelacés et tressés*, à l'image de la guirlande des mondes, des couronnes ornant la tête des héros, des bandelettes des victimes, figures du *nexus rerum* et de la complexité du monde, de cette connexion de tout avec tout qui seule donne un sens à la vie. On lira avec profit, dans ce sens, le beau livre de Roberto

Calasso, *Les Noces de Cadmos et Harmonie*[15]. Il faut accepter cette complexité, se laisser lier. La pire attitude est celle d'Alexandre tranchant le nœud gordien. D'où le commentaire de M. Serres : « Seul le pouvoir découpe le savoir. À l'état paisible, il est dense[16]. » C'est dans ce sens que G. Deleuze dit que, dans l'exégèse littéraire – et, ajouterons-nous, dans l'exégèse des mythes – il faut se méfier de l'explication. L'étymologie même en est suspecte : *explicare*, « mettre à plat » ; car quand on aplatit, on mutile, comme sur le lit de Procuste. C'est pour cela que Deleuze ajoute, avec quelque provocation, qu'au terme d'« explication de texte », il préférerait de beaucoup celui de « complication de texte »[17] : derrière la provocation, il y a beaucoup de profondeur.

D'autre part, on remarquera que la force du mythe est de passer de l'individuel à l'universel. La magie des récits ovidiens est de faire d'une histoire personnelle un archétype, un paradigme où tout le monde se reconnaît. Pyrame et Thisbé, Roméo et Juliette s'inscrivent dans la légende des amants malheureux. Ils parlent à tous ceux qui aiment, ou ont aimé, et qui se reconnaissent en eux, s'identifient à eux. Cette métamorphose touche au sublime, car, comme le souligne le pseudo-Longin dans son *Traité du sublime* (VII, 4), un des signes du sublime, c'est qu'il se communique à tous les esprits. Par sa capacité à se faire archétype, le récit humain touche ici aux forces du sacré. Ce n'est pas pour rien que Vénus, la mère d'Énée, est la déesse de l'Amour : à travers elle, c'est à l'humanité tout entière qu'il projette son amour.

Une projection vers l'Un

« Ce n'est que par l'approche de nos propres mystères
que nous pouvons nous élever vers le mystère général. »

(J.-M. Le Clézio)

« L'homme qui ne médite pas vit dans l'aveuglement,
l'homme qui médite vit dans l'obscurité. Nous
n'avons que le choix du noir. »

(V. Hugo, *William Shakespeare*)

La quête héroïque est alors, d'abord, une projection vers l'Un, l'unité, et une tentative pour sortir du multiple diviseur, et de la parcelli-

---

[15] Paris, Folio, 1995, p. 351.

[16] *Hermès V*, p. 153-4.

[17] G. Deleuze, *Le Pli. Leibniz et le baroque*, Paris, Éd. de Minuit, 1988.

sation, la fragmentation, comme drames de la psyché humaine. L'entreprise, véritablement sublime (puisque, étymologiquement, le sublime est « ce qui élève en l'air »), vise à faire sortir le héros du cycle des répétitions, et aussi de le faire échapper à la lime du temps linéaire, en le faisant entrer dans un non-temps plus essentiel.

Alors, au lieu de subir sa vie, le héros devient vivant. Au lieu d'être dans ce que Pessoa aurait appelé l'intranquillité, il entre dans l'ataraxie, la sérénité. Au lieu d'être régi par des conditions, des limites et des codes, il pénètre dans un espace de liberté. Au lieu, on l'a vu, d'être assujetti à son désir, toujours mimétique, il s'ouvre à un espace d'Amour illimité. Au lieu d'être dans le vide désespérant des formes, il accède à la plénitude du Vide, du Sans formes.

Avant la Quête, ces deux mondes, celui du Moi et celui du Soi, étaient radicalement distincts, ils ne pouvaient communiquer, et c'était précisément le drame du héros : le *paraklausithuron* des Alexandrins, le syndrome de la porte fermée ; ou l'aorasie d'Énée, qui voit sa mère divine, Vénus, mais ne peut la toucher, l'étreindre ; ou la contrainte qui oblige Ulysse à ne pas manger les mêmes nourritures que Calypso. C'est plus généralement le drame de la condition humaine, le sentiment de son enfermement, de ses limites, de sa déréliction, provenant de ce qu'il a le pressentiment du sublime, d'une autre dimension de l'être, mais qu'il n'a pas encore la force d'y accéder. Mais, une fois le chemin parcouru, l'ascèse accomplie, le travail de sublimation (comme montée vers le sublime) accompli, ces limites n'existent plus. Les deux mondes dont nous parlions ne sont plus qu'un. L'Un est l'Autre, l'Autre est l'Un, Tu es Cela, le Soi et le Moi se confondent. L'illusion et le réel, le relatif et l'absolu sont Un. On pense aux trois prières d'Énée dans l'*Énéide*, comme reflet de son évolution spirituelle : la première est une aspiration au suicide ; il demande aux Dieux de lui ôter une vie qui lui est devenue un fardeau intolérable (I, 94-101). Lors de la deuxième prière, vers le milieu du récit (V, 685-692), il demande quelque chose, pas pour lui certes, mais pour son groupe et pour pouvoir continuer sa mission : il réclame la pluie salvatrice qui éteindrait l'incendie de ses vaisseaux. Enfin, la dernière prière est véritablement une action de grâce : il ne demande plus rien, il rend grâce, il remercie (XII, 175-194) : par son action, il a gagné d'être au-delà de l'action.

Ainsi, la voie véritable du héros commence là où cesse l'initiation, elle est bien un abandon des formes. Le plus souvent, elle coïncide avec la mort du héros, comme fin d'un premier voyage, et abandon de sa « tunique de peau » (selon l'expression du soufisme shiite[18], mais aussi de la Bible (*Genèse* III, 21) et du *Zohar*, qui parle de « tunique d'Oubli »), en l'occurrence son corps physique, ce support qu'il a mené à son terme – et qui l'a mené à son terme –, et dont il n'a désormais plus besoin. La démarche initiatique du héros prévoit donc un passage obligé, celui de l'ascèse et de l'épreuve ; celui où il suit des modèles, se fortifie par des exemples de prédécesseurs. Mais, arrivé au terme, il se libère de cette imitation nécessaire, pour se mouvoir dans un espace de liberté, et emprunter la voie de l'invention, où tout est nouveau et unique On se souvient que dans les arts martiaux japonais, une séance de travail au *dojo* se dit *keïko*, « copier les anciens ». On ne peut pas être libre si on n'a pas étudié ce que les humains qui nous ont précédés ont produit de mieux ; alors, seulement, peut se profiler l'espoir de devenir créateur. Virgile connaissait par cœur l'*Iliade* et l'*Odyssée*. C'est pour cela que l'école du *geidô*, la voie des artistes de la grande tradition nipponne, a pour devise *Shu Ha Ri* : *Shu*, « copier » ; *Ha*, « casser le moule » ; *Ri*, « accéder à l'indépendance ».

Au terme de ce parcours, l'initié est libéré, dans le Silence, au-delà des mots. Il est entré dans le sublime ; car, comme le fait remarquer le pseudo-Longin, le sublime tend à l'apophatisme[19], puis, dans sa phase ultime, au silence, et aussi à la non-représentation, par-delà les mots et par-delà les formes. Tel est le paradoxe du sublime : alors qu'il est l'expression de l'absolu, il conduit à l'occultation de l'image de l'absolu, comme condition paradoxale de son dévoilement. Apparition et disparition sont les deux faces janiformes d'une même réalité complexe[20]. Dans cette marge ultime du monde héroïque, le dicible passe par l'indicible.

---

[18] Cf. H. Corbin, *Corps spirituel et Terre céleste, de l'Iran mazdéen à l'Iran shiite*, Paris, Buchet-Chastel, 1979.

[19] Pour définir Dieu, dans sa perfection, l'homme ne peut qu'énumérer ce qu'il n'est pas. Il est toujours *au-delà*.

[20] Qu'on nous permette, *mutatis mutandis*, un clin d'œil à la physique quantique, et à l'expérience d'Alain Aspect, où les particules ont ce double aspect qui les fait *à la fois* être et ne pas être ; ou à la fameuse expérience du chat de Schrödinger, à la fois mort et vivant, tant que nous sommes dans la « réalité » quantique.

Un monde en réseau

> « Représente-toi sans cesse le monde comme un être unique et une âme unique ; considère comment tout contribue à la cause de tout, et de quelle façon les choses sont tissées et enroulées ensemble. »
>
> (Marc-Aurèle, *Pensées*)

Une des caractéristiques du mythe, comme expression de l'idéal, c'est donc que tout est relié, le bas et le haut, et que l'homme se trouve ainsi placé dans une constante tension, une projection vers le haut, vers l'élévation dans tous les sens du terme. Cette projection n'est pas toujours le fruit d'une ascèse ; elle peut être une sorte de *satori*, d'illumination subie, et non provoquée, qui survient soudain, en surprenant tout le monde, et surtout celui qui en est l'objet. Mais même dans ce cas, le *satori* n'aurait pas de sens, s'il n'y avait pas de lien entre le monde d'où vient le héros, et celui où il arrive.

Cette logique relationnelle, liée à l'existence même du cosmos et du vivant, nous la retrouvons, mais sous forme d'un dynamisme organisateur, dans les scenarii qui permettent au héros de se construire. Elle est à la base du processus transformationnel que nous définissons comme la sublimation du héros : son aptitude à accéder au sublime, à se l'approprier et se l'incorporer, au prix d'une métamorphose de son être.

Nous touchons bien à la deuxième caractéristique du mythe : c'est un monde où tout est relié, en réseau, et même où tout ne peut exister que dans ce système, cette mise en relation, la seule à pouvoir permettre l'émergence du héros. Le monde mythique est un *network*, un filet, où tout se tient, pour le pire (comme dans la tragédie, où un acte détermine une série de conséquences, un effondrement en chaîne, comme dans un jeu de domino) et pour le meilleur (comme dans le processus initiatique qui pousse le héros à se construire en construisant le monde, et où tous ses actes le relient efficacement aux autres hommes et au cosmos).

La question que l'on peut légitimement se poser alors est : peut-on être libre, dans ce monde où l'on est totalement relié ? La réponse est incontestablement oui, mais à une condition impérative : c'est de maîtriser le système, de s'en libérer et d'acquérir son autonomie. Ceux qui n'y parviennent pas sont absorbés par les liens qui les entourent ; on passe du monde de l'initiation à celui de la tragédie. Par contre, le héros qui parvient à dominer ces forces en réseau, à se les approprier, à les utiliser à son profit, en sort régénéré et transformé[21]. Les récits mythiques sont donc, d'abord, une école de volonté.

La reconstruction permanente de soi : c'est bien le maître mot qui préside aux récits héroïques, dans leur dimension initiatique. C'est aussi une des lois scientifiques du vivant. Elle apparaît comme une des conditions et des modalités majeures de pérennité : l'augmentation de notre longévité passe nécessairement par notre capacité à accentuer l'autodestruction en réponse à des agressions ou des altérations. Pour ce faire, nos organismes engendrent des cellules-mères, qui produisent elles-mêmes des cellules-filles, en réponse aux autres disparations. Le but est bien sûr de maintenir et de faciliter le renouvellement, par-delà les disparitions, de *renaître*. De même, passer, et transmettre, ce sont bien les impératifs du héros dans sa mission civilisatrice. Car perdurer sans communiquer notre savoir n'est que vanité. Dans la biologie, comme dans le mythe, la mémoire est donc une part indispensable du vivant, dans sa dimension biologique comme dans sa dimension sociale. Un être vivant, une société sans mémoire n'existent pas. En ceci, la lecture – et particulièrement la lecture des mythes – apparaît comme une mémoire supplémentaire, une sorte de prolongement de l'esprit. Dans ce contexte, la *paideia*, l'école de la liberté, n'est pas celle qui laisse l'enfant choisir, mais celle qui lui enseigne le décodage lui permettant d'acquérir son autonomie et sa liberté.

Risquons maintenant une hypothèse. On a vu que les raisons majeures de l'émergence d'*Homo sapiens*, ce qui l'a distingué des animaux, puis des autres hominidés, c'est sa capacité à être à la fois un aventurier, qui se nourrit de la nouveauté ; et un être qui émerge de la solitude, et qui découvre la force du groupe, soudé par un imaginaire commun[22]. Ce sont exactement les deux caractéristiques du héros mythique :

— *c'est un aventurier*, qui se projette sans cesse vers la difficulté, vers ce qui le confronte au dépassement de soi. Le plus souvent, il

---

[21] De même, par-delà la modularité du cortex humain, qui se subdivise en territoires spécialisés, l'espèce humaine dispose de la possibilité d'utiliser un système évolué de connexions transversales, qui augmente la communication. Ainsi, les neurosciences nous apprennent que notre cerveau puise d'abord ses capacités dans ses aptitudes à la recombinaison mentale : là encore, le discours mythique est en miroir par rapport au fonctionnement de la psyché, dont il apparaît à la fois comme le reflet, l'émanation et le paradigme. Cf. S. Dehaene, *Les Neurones de la lecture*, Paris, Odile Jacob, 2007, p. 414.

[22] E. Morin parle, lui, à propos de la construction psychique de l'enfant, de « l'incertitude du risque » et de « la certitude de l'amour », toutes deux indispensables.

n'a pas le choix : cette prise de risque n'a rien de gratuit, elle a lieu dans l'urgence. Énée avance d'abord parce que derrière lui il n'y a qu'une terre brûlée : les ruines et l'incendie de Troie, la mort de sa famille. De façon immémoriale, l'épreuve est alors la condition de la survie, avant d'être celle de l'individuation. Comme *Homo sapiens* à ses origines, le héros mythique développe la *métis* qui fait de lui, authentiquement, un être humain, capable d'erreur, mais aussi de créativité, et qui lui permet de surmonter les fléaux qui l'accablent.

– *c'est un fondateur et un passeur*, qui relie des individus, des groupes jusqu'ici dissociés, autonome, et les associe par le ciment d'une croyance à des valeurs communes. La quête d'Énée n'aurait pas de sens, si elle ne comprenait un moment où il revient pour communiquer à ses compagnons les révélations majeures qui lui ont été faites, et les enraciner dans les réalités de la terre italienne. Il est donc logique que les mythes eux-mêmes soient construits comme un réseau[23], dont le dynamisme transformationnel provient justement de cette capacité à vivre de et dans la relation au monde et aux autres.

Le héros mythique apparaît donc à la fois comme un paradigme de la biologie du vivant, et comme une sorte d'archétype d'*Homo sapiens*, une stylisation où l'être humain doué de la forme la plus élaborée de la conscience, la conscience réflexive, se donne à voir à lui-même, dans ses grandeurs et dans ses faiblesses. Le mythe est alors l'instrument pédagogique qui permet à une société, et aux individus qui la composent, d'évoquer ses racines, d'analyser son présent, et de projeter son avenir[24].

---

[23] Cf. J. Boulogne, *op. cit.*

[24] Il n'aura pas échappé au lecteur familier des études sur l'imaginaire que nous retrouvons là les trois régimes proposés par G. Durand : L'héroïque (comme sens de l'élévation, dans le sublime et dans la sublimation) est partout / Le nocturne synthétique est associé à la sublimation (comme ascèse transformationnelle) / Le nocturne mystique (instantanéité du *satori*, proche de l'enthousiasme dionysiaque) est associé au sublime.

Plasticité du mythe

« Le chant spartiate "Nous sommes ce que vous fûtes, nous serons ce que vous êtes" est dans sa simplicité l'hymne abrégé de toute patrie. »

(Renan, *Discours à la Sorbonne*, 1882)

C'est pour cela que, avec cette capacité métamorphique, le mythe est aussi un puissant facteur de cohésion sociétale. Là encore le mythe a en commun avec le cerveau humain une caractéristique essentielle : la plasticité, qui joue sur la capacité de trouver d'autres chemins, d'autres solutions, lorsqu'un blocage se produit. Dans le cerveau, l'obstacle peut provenir d'une pathologie, qui sera réparée par une reconstruction du circuit neuronal ; dans le mythe, les capacités de contournement du héros, arrêté par un opposant, une agression, un accident, déterminent sa résilience, et sa volonté d'émergence et d'individuation.

On a vu que le récit mythique était à la base même du processus fondateur des sociétés humaines, qu'il en était la « colle mythique ». Il a pour fonction d'éduquer des hommes encore ignorants : pas tellement pour leur communiquer un savoir, mais pour leur apprendre à être. Il s'inscrit dans le vaste processus de la *paideia* : à Rome et en Grèce, les jeunes enfants apprenaient les grands mythes par cœur, et, au terme de nos analyses, nous comprenons mieux pourquoi.

Ce processus se projette dans le temps, et ne reste pas lié à la société qui a produit un mythe ; il lui perdure, et continue d'exister dans une conscience collective élargie, où il se modifie, mais continue à être actif. C'est pour cela que, comme nous l'avons souligné, chaque mythe est fait pour être lu, entendu par chaque individu comme s'il était écrit pour lui, comme si c'était lui le héros. Les jeux de rôle, les sagas comme *Star Wars* l'ont bien compris, qui continuent à jouer sur cette dimension mimétique de l'imaginaire (« Le jeu dont vous êtes le héros »). Le mythe se charge donc d'une valeur initiatique à la fois collective et individuelle : collective, parce qu'il parle à tous ; individuelle, parce que chaque chemin est particulier, et que le processus d'indentification, puis d'individuation, doit être parcouru par chaque individu. C'est ce qui explique la plasticité du mythe : il a, par nature – et sans doute plus facilement que les religions – une capacité à se couler dans chaque civilisation, chaque société, chaque individu, et à s'adapter à ces évolutions. Il n'en perd pas pour autant sa capacité signifiante, ni sa charge transformationnelle : il évolue dans le temps, il s'adapte. Umberto Eco en avait sans doute eu l'intuition, quand il avait nommé sa maison d'édition *La Nave di Tesea*. Cette « Nef de Thésée » est liée à une belle légende, rapportée par Plutarque dans ses *Vies Parallèles* (XXI) : les Athéniens avaient conservé le navire avec lequel Thésée était allé en Crète mener son expédition contre le Minotaure. À mesure qu'il tombait en ruine, ils remplaçaient les pièces par des pièces neuves. Ainsi, la nef était toujours impeccable. Mais, à la fin, était-ce le même bateau ? Nous y verrons un beau symbole de la plasticité du mythe : oui, c'était le même navire, dans la mesure où il avait été *entretenu*, dans sa structure, et aussi dans la mémoire des Athéniens, où l'épisode fondateur était toujours vivant, par-delà le temps. En étant à la fois la même et une autre, la nef de Thésée participe simultanément de la légende et de l'actualité, du passé et du présent.

Avec la légende des « grands hommes » qui font l'histoire de Rome, nous trouvons un exemple de cette capacité du mythe à être à la fois dans la permanence et dans le changement, dans la légende et dans l'histoire. On a vu que les Grecs avaient tendance à associer mythe et merveilleux, dans la mesure où le mythe permet que le merveilleux ne soit pas incroyable : il en donne les clefs, et assure l'exégèse de son herméneutique. Rien de tel chez les Romains, dont G. Dumézil nous a dit très clairement, dans sa comparaison entre la pensée romaine et la pensée indienne :

> « Les Romains pensent historiquement, alors que les Indiens pensent fabuleusement. [...] Les Romains pensent nationalement et les Indiens cosmiquement. [...] Les Romains pensent pratiquement et les Indiens philosophiquement. [...] Les Romains pensent relativement, empiriquement ; les Indiens pensent absolument, dogmatiquement. [...] Les Romains pensent politiquement, les Indiens pensent moralement. [...] Enfin, les Romains pensent juridiquement, les Indiens pensent mystiquement[25]. »

En quelque sorte, l'imaginaire des Romains fait le choix d'une sorte de « laïcisation », qui privilégie l'histoire. Mais, bien que nous soyons dans l'Histoire, la légende des grands hommes continue à fonctionner comme un mythe classique : elle relie une fondation légendaire et des événements historiques qui sont irrigués par cette fondation. Les héros associés à l'émergence de Rome sont dans cette relation :

— Le manchot et le borgne, Horatius Coclès, qui sauve Rome en défendant seul le pont Sublicius contre les Étrusques de Porsenna, et Mucius Scaevola, qui se fait brûler la main plutôt que de trahir, sont tous les deux, comme les héros mythologiques, signalés par leur infirmité, qui les extrait de l'anonymat du groupe.

---

[25] G. Dumézil, *La Religion romaine archaïque*, Paris, Payot, 1966, p. 123-124.

— Manlius Torquatus, lui, est un héros dans sa volonté d'appliquer la rigueur de la discipline à lui-même et à sa famille : après avoir accompli une aristie, et remporté un combat singulier qui sauve Rome face aux Gaulois, plus tard, dans un autre combat, il fait mettre à mort son propre fils, parce que celui-ci a accompli le même exploit que lui, mais que lui, il a oublié de demander la permission de sortir des rangs...

Telles sont les figures, terribles dans leur élévation et leur ascèse, de ces pères fondateurs qui donnent sens à l'action de leurs successeurs, et dont ceux-ci continuent à s'inspirer, en se sentant reliés à eux. Les grands hommes romains ne sont pas fondamentalement différents des héros mythologiques, mais leur incarnation, leur rôle, sont plus politiques, moraux et éthiques. Tant qu'il y a eu cette relation entre l'histoire de Rome et ses origines, entre sa mémoire et sa respiration, Rome est restée vivante. Quand il s'est produit, suivant l'expression de G. Durand, une dépolarisation entre la légende et l'histoire, Rome est morte.

Cela revient à dire que lorsque G. Dumézil écrit « Les Romains pensent juridiquement, les Indiens pensent mystiquement », on peut nuancer cette déclaration, en considérant l'impact des mythes gréco-romains sur la pensée gréco-romaine ; nous dirions plutôt : les Romains pensent *à la fois* juridiquement et mystiquement ; ils insistent sur la notion de personne, sur ses droits et ses devoirs, mais ils ne perdent pas de vue l'unité profonde qui sous-tend toute leur construction sociale et politique, de même que le mythe sous-tend l'histoire. Les mythes ont ainsi la capacité de tenir à la fois un discours intemporel, et un discours de leur temps : ils pénètrent chaque culture et chaque période sans se fondre avec elle, en gardant leur puissance propre, suivant le principe de dialogique cher à E. Morin. Ils parlent pour tous et pour chacun. Ils sont bien *unitas multiplex*, une unité tissée.

Sur le fond d'une matrice fixe, le mythe se révèle donc avoir un comportement instable, toujours en déséquilibre. Il apparaît comme un composé d'ordre et de désordre, ce que James Joyce appelle un *chaosmos*. Il est constamment démultiplié en plusieurs versions orales, écrites. Un mythe se conjugue au pluriel. C'est plus un thème indicateur qu'un texte contraignant. Il varie, il a une dissémination.

C'est même la différence entre un mythe et une mythologie. Une mythologie représente l'état actualisé, objectivé, d'une « famille » d'histoires ; le mythe désigne la matrice sémantique, le noyau symbolique qui permet d'engendrer des récits. Le mythe est donc bien une utopie, le moule archétypal qui se laisse remplir par de nombreuses variantes. Il est information virtuelle, *logos spermatikos*, structure universelle à partir de laquelle naissent les formes particulières ; grammaire générative qu'il reste à assembler dans une certaine langue, puis à décliner.

En même temps, la vie du mythe passe par sa mort. On se souvient des paroles de l'Éternel dans le *Deutéronome* : « Je tue et je fais vivre ». Le paradoxe de la création, c'est que le mythe ne devient créatif qu'en faisant l'objet d'une « démythologisation ». On l'a dit, tant qu'il est objet de foi (comme dans les religions), il libère différemment sa charge dynamique, car il est *ne varietur*. L'acte religieux est par nature conservateur. Le mythe, lui, se meut dans un espace de liberté, et de création. Or il faut, pour être créatif, sortir de la Loi pour accéder au Jeu, qui est le propre de l'art. Ainsi, nous pourrons suivre le mythe d'Œdipe, ou d'Ulysse, dans ses avatars, depuis l'Antiquité jusqu'à notre société : tel le Phénix renaissant de ses cendres, il est à la fois le même et différent.

La littérarisation du mythe, son « entrée en littérature »

« Les mythes modernes sont moins compris que les mythes anciens,
quoique nous soyons dévorés par les mythes.
Les mythes nous pressent de toutes parts, ils servent à tout, ils expliquent tout. »

(Balzac, *La Vieille Fille*)

On entre par là même dans le processus de « littérarisation » du mythe (élargi à toutes les formes de support artistique). Dans l'imaginaire vu par la psychanalyse freudienne, les images mythiques n'ont de sens que par et pour le désir, dont elles viennent combler le déficit, le manque. La création artistique exige au contraire qu'*entre* le désir et le monde s'interpose le monde du symbole, qui seul permet aux images de libérer d'autres charges de signification. Par l'art, le mythe s'arrache au désir, au fantasme ou à l'idole, et rend possible l'avènement d'un jeu (en tant que processus constant d'ouverture/fermeture). L'œuvre d'art suspend la répétition sans fin du mythe (comme commémoration), elle le fait entrer dans le corps d'une œuvre, d'une écriture, elle lui donne chair, l'hypostasie, l'inscrit dans le monde des phénomènes. Les *Métamorphoses* d'Ovide sont, on l'a dit, une cristallisation de ce type, à travers le texte. L'œuvre d'art devient alors l'occasion d'une réécriture du mythe, à travers ce qu'il est convenu d'appeler un processus de littérarisation[26]. En même temps, le mythe devient la rencontre d'un mythe universel et d'une histoire personnelle.

---

[26] Cf. F. Monneyron et J. Thomas, *Mythes et littérature*, Paris, PUF, coll. « Que sais-je ? », 2002.

Comme l'a rappelé G. Durand, le mythe se comporte comme un hologramme, où chaque fragment, chaque partie reflète (et recèle) la totalité de l'objet[27]. On est bien en structure holiste : par exemple, chaque épisode de l'*Énéide* vérifie le croisement entre une mémoire stable et une respiration mobile, mais en même temps, l'*Énéide*, comme création poétique, s'inscrit elle-même dans ce schéma de mémoire et de respiration : elle continue de travailler de l'intérieur, de modifier spirituellement ceux qui la lisent et l'interprètent.

Nous touchons à une mise en évidence de la synchronicité, comme coïncidence temporelle entre deux ou plusieurs événements sans lien causal, mais chargés d'un sens identique ou analogique[28]. Le mythe est donc un lieu intermédiaire, un *intermundus* au sens où H. Corbin emploie ce mot. Il y a plus : à la suite de Gadamer, il faut admettre que le récit mythique n'est pas heuristique sans l'implication d'une empathie : un engagement personnel du lecteur ou de l'auditeur, voire du chercheur. Celui-ci doit accepter le fait qu'il est dans l'objet qu'il étudie (ce fameux paradoxe de l'observateur, qui interfère dans son observation). Ce n'est pas une attitude subjective ou impressionniste, mais cela permet d'engager le dialogue à l'intérieur du symbole.

Le mythe ne saurait donc être que polysémique, chargé de plusieurs niveaux de sens. Dès l'Antiquité, on avait repéré cette particularité[29]. Ainsi, chaque mythe se lit au moins à trois niveaux :

— un niveau littéral, qui correspond au plaisir que donne le récit lui-même, comme sujet d'admiration, d'émerveillement, d'effroi, etc.

— un niveau moral, plus édifiant, à valeur sociétale ; sous forme de parabole, le récit nous apprend ce qu'il faut faire ou ne pas faire, dans la société où nous sommes.

— et enfin, un niveau qui décrit une évolution spirituelle ; l'histoire racontée, c'est celle d'un héros qui est notre archétype, dans lequel nous nous reconnaissons. Son aventure est l'histoire de sa propre construction intérieure, liée d'ailleurs à la construction du monde dans lequel il se trouve. Alchimie spirituelle, modification :

---

27 G. Durand, *L'Imaginaire*, Paris, Hatier, 1994, p. 57.

28 L'hypothèse de la synchronicité postule que le monde de la matière et celui de l'énergie psychique, considérés a priori comme deux dimensions du monde assez radicalement séparées, pourraient être vus dans un tout psycho-physique, un seul ordre total et acausal.

29 Cf. E. Vanderlinden, « La Foi de Virgile », *Lettres d'Humanité*, XXIII, 1964, p. 448-458.

nous sommes dans un monde qui touche à la fois à la psychologie et à la spiritualité. La philosophie antique s'est beaucoup intéressée à cette notion de *philosophia perennis*,[30] de « philosophie éternelle », une doctrine universelle de la nature de l'homme et de la réalité, présente dans toutes les traditions métaphysiques majeures. Les mythes, eux, laissent les spéculations eschatologiques à la philosophie, et nous parlent plutôt, et de façon plus concrète, en termes de psychologie : celle des héros dont ils racontent l'histoire, mais qui transcrit, elle aussi, une capacité évolutive de métamorphose spirituelle, présentée comme le seul but de l'existence humaine qui en vaille la peine. Ce sont cette dimension psychologique, ce travail sur soi, cette ascèse qui nous ont intéressé plus particulièrement dans ce livre. Au milieu des multiples exégèses qu'on peut faire des mythes classiques, elles posent le fondement d'une *psychologia perennis*[31], c'est-à-dire d'une vision universelle de la nature de la conscience humaine. La mythologie classique nous propose alors – entre autres niveaux de sens – une description des grandes constantes de notre psyché, en même temps qu'une lecture plus dynamique, les situant dans une évolution, et une transformation spirituelle d'*Homo sapiens*, impermanentes par rapport à l'histoire des sociétés. Par certains aspects, Ulysse est l'homme de son temps, et de sa société ; mais par d'autres, il nous parle par-delà le temps, comme si le discours de l'*Odyssée* était écrit pour nous, quel que soit le lecteur, et quelle que soit l'époque à laquelle il se situe.

Car il est clair qu'il y a une différence entre les niveaux de sens que nous évoquions. Ils vont d'une transcription de l'expérience concrète à une lecture symbolique. Or l'on constate que les premiers niveaux sont plus enracinés dans l'imaginaire d'une société donnée, donc plus éphémères, plus mutables ; ils vont évoluer en même temps que cette société, qui se transforme, qui passe, voire qui meurt. Car quoi de plus changeant que des goûts, des modes, et même une morale, très déterminée par le type de société qui la produit ? Par contre, le troisième niveau est beaucoup plus stable. C'est aussi, pour cette raison, le discours qui nous parle le plus, voire qui peut nous être le plus utile, y compris dans les problématiques de notre temps. On voit l'inanité d'une querelle entre partisans

---

[30] On sait que c'est le titre d'un ouvrage célèbre d'A. Huxley, *The Perennial Philosophy* (tr. fr. *La Philosophie éternelle*, Paris, Seuil, 1977. L'expression remonte au XVIe s. (Agostino Steuco, puis Leibniz). Cf. aussi P. Hadot, *Exercices spirituels et philosophie antique*, Paris, Études augustiniennes, 1981.

[31] C'est le terme qu'a utilisé récemment Ken Wilber, théoricien de la « psychologie transpersonnelle ».

de la tradition et partisans du changement, en ce qui concerne le mythe, les uns affirmant que le mythe est *ne varietur*, essentiel, donné une fois pour toutes, et les autres, au contraire, soutenant qu'il est le fruit d'une époque, et qu'il n'a aucun caractère permanent. En fait, le mythe est tout cela à la fois ; il suffit de savoir dans quel contexte on se place pour l'analyser. Nous sommes bien dans un vrai « problème de l'observateur » : celui qui regarde modifie la vision de ce qu'il regarde. Comme l'Apollon de Delphes selon Héraclite, les mythes n'affirment rien, ils ne dissimulent rien, ils signifient[32].

Ce livre ne tend donc pas à l'exhaustivité, dans sa présentation des mythes gréco-romains. Il existe déjà pour cela d'excellents dictionnaires de la mythologie[33]. Notre propos a été de répondre à la question : pourquoi toutes les sociétés humaines créent-elles des mythes ? On a vu la réponse anthropologique : c'est sans doute parce que, bizarrement, alors que la représentation imaginaire d'un individu est un fantasme, et ne vaut que pour lui, celle d'une foule prend valeur de réalité. Elle rassure chaque membre de cette foule, et elle soude l'ensemble autour des mêmes croyances (le totémisme, ou la trinité, ou les droits de l'homme). La fortune du mythe vient donc à la fois de ce qu'il incarne une forme de « réelle présence »[34], et que, dans ce contexte, il répond de façon crédible aux grandes angoisses existentielles. Les sujets qu'il aborde sont ceux que l'homme s'est toujours posé : qui suis-je ? que fais-je sur cette terre ? que signifient ma souffrance et ma mort ? Les mythes peuvent être ramenés à une structure simple, liée à une inquiétude existentielle cruciale : la création du monde, sa fin possible, la mort des individus, l'existence de la souffrance et du mal. Ils sont faits pour dire (c'est la base du discours psychanalytique) et dépasser (c'est la suite de la thérapie) ces angoisses humaines, en leur apportant des solutions. Sur ce plan, on l'a vu, le mythe

---

[32] Fragm. 107.

[33] Cf., entre autres, J.- C. Carrière, J. Gaillard, R. Martin et O. Mortier-Waldschmidt, *La littérature gréco-romaine. Anthologie historique*, Paris, Nathan, 1994 – R. Martin (dir.), *Dictionnaire culturel de la mythologie gréco-romaine*, Paris, Nathan, 1992 – R. Graves, *Les Mythes grecs*, Paris, Fayard, 2002 – A. Spicher, *La mythologie grecque*, Paris, Ellipses, 2009 – P. Grimal, *Dictionnaire de la mythologie grecque et romaine*, Paris, PUF, 1999 – C. Salles, *La mythologie grecque et romaine*, Paris, Fayard, 2013 – J. Schmidt, *Dictionnaire de la mythologie grecque et romaine*, Paris, Larousse, 2013. – On y ajoutera utilement tous les ouvrages de la collection « Vérité des mythes » dirigée par B. Deforge à la Société d'Édition *Les Belles Lettres*.

[34] L'expression est empruntée à G. Steiner, *Réelles présences*, Paris, Gallimard, 1989.

a des réponses aussi simples que profondes. La plupart des récits mythiques s'organise en trois temps :

— L'identification d'une inquiétude, d'une peur concrète ou existentielle.

— La formulation de ce scénario dans une mise en scène, évoquant le plus souvent un combat entre une paire d'opposés incompatibles.

— Le dépassement et la résolution de ce dilemme, à travers la découverte d'une solution, qui soulage l'anxiété, et dépasse le problème originel, auquel il apporte à la fois une explication et une solution, tout en permettant à l'individu de se modifier, de progresser spirituellement.

Mythe et création

> « Mickey Mouse ne ressemble pas beaucoup à une vraie souris ; pourtant, les gens n'écrivent pas des lettres aux journaux pour critiquer la longueur de sa queue. »
>
> (E. Gombrich)

La meilleure preuve de cette efficacité, de cette réelle présence du mythe dans nos vies, et dans celles de nos sociétés, que nous nous sommes efforcé de mettre en évidence dans les pages précédentes, c'est la connaturalité du récit mythique et des processus créateurs eux-mêmes. Le héros libéré au terme de sa quête, et l'artiste, ont en commun de ne pas seulement imiter la Nature, ils en deviennent les créateurs. Ils ne nomment pas le monde, ils le créent. Lorsqu'Énée, Héraklès, nomment les sites et les territoires qu'ils découvrent, en leur donnant un nom, ils les font exister, ils les sortent de l'obscurité d'un monde ensauvagé et ils font entrer dans la lumière de la civilisation. Ils font être. Le mythe décrit souvent des genèses, des naissances, des fondations, et à ce titre il a la même fonctionnalité que les processus mis en œuvre par les artistes, les créateurs. Dans un cas comme dans l'autre, l'image, c'est la capacité de faire croire à la présence de la chose, de la rendre réelle pour notre imaginaire. C'est la définition même de l'hypotypose, cette figure de style qui tend à rendre vivants les personnages dont on parle. La *phantasia* grecque, qu'il conviendrait alors de traduire plutôt par « apparition » que par « représentation » (car, comme le dit Paul Klee, « l'art ne reproduit pas le visible. Il rend visible »), a le pouvoir de rendre présent ce qui est absent. Dans ce domaine, la littérature, et donc le mythe « littérarisé » dont nous avons parlé, sont rois. D'où tous ces textes d'Apulée, qui nous décrivent le comble de l'art, à travers le processus de l'*ekphrasis*[35], comme l'impression que l'animal, ou la personne représentés, bougent, qu'ils sont là : dans le groupe associé à la statue de Diane, que Lucius peut admirer dans les salons de Byrrhène,

> « …les chiens eux aussi étaient en pierre ; leurs yeux sont menaçants, leurs oreilles dressées, leurs narines ouvertes, leurs gueules prêtes à mordre ; si, dans le voisinage, avait retenti quelque part un aboiement, on aurait pensé qu'il sortait de ces gosiers de pierre. » (*Métamorphoses*, II, 4, trad. P. Grimal).

On pense à la phrase de Jacques Laurent dans *Les Bêtises*, « Mes meilleures omelettes au lard, je les ai mangées imprimées », et à celle d'Oscar Wilde, « L'une des plus grandes tragédies de ma vie, c'est la mort de Lucien de Rubempré ». Comme dans le syndrome de Stendhal, la grande vertu des mythes, et des œuvres d'art, c'est de nous mettre en relation avec ce qui est plus grand que nous, de nous faire sentir le réel dans toute sa force, dans ses racines cosmiques ; car, comme le dit Antonio Porchia dans *Voix*, « Avant de parcourir mon chemin, j'étais mon chemin ». C'est précisément ce que nous apprend le mythe, dans sa capacité créatrice. À travers ses héros, il nous fait voir un monde qui est plus grand que nous, mais qui est aussi en nous. Après une telle expérience, on sort meilleur.

Et si les souffrances des héros sont tellement grandes, c'est sans doute parce que, dans leurs aventures, comme dans les moments cosmogoniques, les processus de création et de destruction, de mise en ordre et de désordre, sont toujours très proches. La création est toujours contenue dans la destruction. Comme l'écrit Julius Langbehn, « *Ist Chaos da, ist Schöpfung nah* », « Si le chaos est là, la création est proche » : au cœur de la subversion, il y a une régénération potentielle. Les récits mythiques nous apprennent donc les déclinaisons et la syntaxe d'une vaste grammaire cosmique. En ceci, ils touchent aux processus de la création. On comprend mieux alors la prégnance, la récurrence et la force des mythes de fondation, comme référence indispensable pour une société en train de naître et de se développer : cette évocation mimétique du Commencement est nécessaire aux commencements humains et partiels. Énée a besoin de relier à Troie sa marche fondatrice vers Rome, car il allie les terres de

---

[35] Une *ekphrasis* peut se définir comme la description littéraire d'une œuvre d'art, passant par la transposition d'un genre artistique (la sculpture, la peinture, une tapisserie) dans un autre genre (la littérature).

l'Ouest à la Ville sainte de l'Est, dans une trajectoire spirituellement signifiante ; il transforme la mort en renaissance. De même l'artiste, tel Pygmalion, donne chair, et sens, à une matière inerte.

Donc, à travers ce sentiment qu'ils nous donnent d'être plus grand, quand on les a lus, entendus, ou vus, les mythes, comme les œuvres d'art, nous rendent meilleurs, permettent à chacun, selon sa mesure, de se surpasser, car, comme l'écrit Aristote, « on ne devient homme qu'en se surpassant ». C'est en ceci que les mythes sont créateurs : ils nous modifient, nous rendent différents ; après que nous les avons entendus, ils opèrent en nous une alchimie mystérieuse, une modification de nous-mêmes, au terme de laquelle nous agirons différemment, et mieux. On comprend pourquoi les Grecs et les Romains faisaient apprendre par cœur l'*Odyssée* et l'*Énéide* aux écoliers. Cette lente germination détermine une réelle efficacité. Par leur cheminement obscur dans nos psychés, les mythes modifient nos façons d'agir, ils nous proposent des modèles, des chemins à suivre, des utopies, des républiques imaginaires, et à travers l'exemple de ces sublimes ouvriers que sont Héraklès, Énée, Ulysse, il nous donne le courage de les atteindre et de les réaliser. C'est pour cela que chaque société a ses propres mythes (c'est la plasticité dont nous parlions *supra*). Ils sont en accord avec son génie original, mais ils la relient à ce « chant profond » qui relie toutes les fondations et toutes les créations : *unitas multiplex*...

Mythe et archétype

« Homère est nouveau, ce matin,
et rien n'est peut-être aussi vieux que le journal d'aujourd'hui. »

(Ch. Péguy)

« Toute civilisation véritable est symbolique,et même il faudrait
voir qu'elle ne repose que sur des symboles. »

(C. F. Ramuz)

Finalement, on résumerait avec efficacité les pages précédentes en disant que le mythe touche à l'archétype. La notion d'archétype sent le soufre dans le monde universitaire, mais elle mérite d'être reconsidérée, à la lumière des avancées de l'anthropologie. Étymologiquement, le mot nous renvoie à deux notions : *arché*, l'origine ; et *typos*, l'empreinte, puis la forme, la figure, l'image, le modèle, l'exemple, dans un sens proche de l'anglais *pattern*, « modèle », mais aussi « motif », « dessin », « groupement ». L'archétype, c'est donc la figure référentielle. Par exemple, en termes de peinture, c'est le portrait original, par rapport à la copie.

Il est clair que Platon privilégiait, dans la notion d'*arché*, l'idée d'une origine temporelle, d'un premier modèle, au début des temps, dans l'*Illud tempus*, comme le dit M. Eliade. L'idée ne pouvait bien sûr pas résister à l'évolution des sciences ; appliquée au monde créé, cette perfection à l'origine était insoutenable, et contradictoire avec les théories de l'évolution, pour ne pas parler de la complexité.

Mais la notion d'*arché* ne se résume pas à l'origine temporelle, elle est riche d'une ambiguïté sémantique. *Arché*, c'est aussi l'origine, au sens biologique d'une matrice, la fondation comme organisation de la complexité. La notion temporelle est abolie, au profit d'une autre, atemporelle : l'archétype évoque l'origine, mais parce qu'il nous renvoie, hors du temps, à une organisation matricielle. On pense à la théorie des catastrophes de René Thom, liant genèse et désintégration *dans les mêmes processus*, à chaque instant, et ne les situant pas aux deux extrémités de la flèche du temps. Cette redéfinition de l'archétype est parfaitement en accord avec les avancées de notre science contemporaine, et particulièrement celles de la physique quantique, que Jung connaissait bien, comme l'atteste sa correspondance avec le physicien Pauli[36]. Nous savons aussi qu'il a rencontré Einstein à plusieurs reprises[37], et que le principe d'incertitude de Heisenberg lui était familier[38]. Loin d'être obsolète, la notion d'archétype ainsi « revisitée » s'inscrit alors en pointe dans les sciences humaines, puisqu'elle permet d'y introduire le discours de l'avant-garde des sciences exactes, et de tenir compte de ces avancées. Les sciences humaines sont alors réinstaurées dans toute leur dignité et leur efficacité. Les neurosciences nous confirment aussi dans cette redéfinition de l'archétype comme matrice, et non plus comme origine : de même que la césure platonicienne, puis cartésienne, entre matière et esprit, *soma* et *nous*[39] s'abolit au profit d'une relation commune qui donne le sens de chaque partie indissociablement des autres, de même l'archétype est régi par une logique du *lien*, et non plus du *lieu* : il n'est plus, comme nous l'avons dit, l'*arché*, mais la matrice formatrice. Or les neurosciences viennent de nous conforter dans l'idée que l'efficacité de

---

[36] W. Pauli et C.-G. Jung, *Correspondance* (1932-1958), Paris, Albin Michel, 2000.

[37] C.-G. Jung, « The Tavistok Lectures », *Collected Works*, 18, London, Routledge, 1935 (1976), § 140.

[38] C.-G. Jung, *Aïon. Études sur la phénoménologie du soi*, Paris, Albin Michel, 1951 (1983), § 355.

[39] Même si, pour Platon, la psyché est l'interface entre *soma* et *nous*, *soma, psyché* et *nous* subsistent comme entités distinctes et ontologiquement différentes.

notre cerveau est dans sa capacité de mise en réseau des informations[40] ; et la découverte récente des neurones-miroirs insiste sur ce « troisième cerveau »[41] qui se fonde sur le mimétisme et la relation.

C'est justement à cet *aggiormamento*, plus particulièrement appliqué à la notion d'archétype que Jung avait contribué de façon essentielle. Car Jung lui-même a très tôt renoncé à l'idée d'une image qui se propulserait toujours identique à elle-même, et il en est arrivé à une conception de l'archétype comme forme vide, capacité de préformer.

Il ne faudrait donc pas confondre universaux et invariants, comme l'ont fait, volontairement ou involontairement, beaucoup de détracteurs de Jung, quand ils lui reprochent de mêler science, mythes et religion. Jung l'a pourtant écrit lui-même : dire que notre conscience ne pense pas totalement le monde si elle n'intègre pas une forme de perception apparentée à ce qu'on appelle le sacré, ce n'est pas faire un péché contre la science ; et réduire les états mystiques à des accidents de la sexualité, comme le fait Freud, c'est aussi limitatif que de « classer la cathédrale de Cologne sous la rubrique "minéralogie" sous prétexte qu'elle est construite en pierres »[42]. Donc, pour Jung, *homo sapiens* est fondamentalement *homo religiosus* (en prenant ce mot dans son sens étymologique : homme relié au cosmos, qui est lui-même relation), et, bien sûr, *homo mythicus*. Mais pour autant Jung n'a jamais promu une théorie des archétypes comme invariants, et il est très clair là-dessus. C'est d'abord un phénoménologue, et donc pour lui, l'archétype ne peut être qu'un concept limite, hypothétique, puisqu'on ne peut l'appréhender qu'à travers ses effets et ses représentations. Nous ne savons pas ce qu'est l'archétype « en soi », nous pouvons seulement observer ses manifestations actives. C'est dans cet esprit qu'à un patient qui lui demandait : « J'ai vu une locomotive en rêve, qu'est-ce que cela signifie ? », Jung répondit : « Cela signifie d'abord que vous avez *réellement* vu une locomotive. » *Imaginatio uera, non fantastica*. Pour Jung, les images disent elles-mêmes leur vérité. Elles ne nous parlent pas de ce qui est derrière elles, elles nous parlent de ce qui est à l'intérieur.

---

[40] Un processeur électronique est beaucoup plus rapide qu'un neurone pour analyser une donnée : une microseconde, contre dix millisecondes, soit 10.000 fois plus. Mais les neurones reprennent l'avantage grâce à leur capacité de mise en réseau et d'organisation parallèle, qui permet une reconnaissance d'image très efficace, en 150 millisecondes : version moderne de la fable du lièvre et de la tortue…

[41] J.-M. Oughourlian, *Notre troisième cerveau*, Paris, Albin Michel, 2013.

[42]. C.-G. Jung, *Métamorphoses de l'âme et ses symboles*, Genève, Georg, 1950, p. 243.

C'est bien là que réside la connaturalité entre le mythe et l'archétype. Tous deux vérifient l'idée que le tout est plus que la somme des parties qui le composent ; chaque individu est à la fois tout le système (et en ceci, il touche à l'archétype), et une pièce du système. Nous sommes dans une définition analogique de la *Gestalttheorie*, la « théorie de la Forme », en particulier dans ses implications psychologiques : un être humain n'est pas la somme des parties qui le composent, mais un organisme dont toutes les caractéristiques sont interdépendantes. On l'a vu, c'est précisément comme cela que fonctionne le cerveau. Par ailleurs, l'indivisibilité, ce concept fondamental de la systémique, se retrouve en physique quantique : toutes les particules qui ont interagi dans le passé se trouvent reliées de façon ultra-temporelle et ultra-spatiale, comme si notre univers était soutenu grâce à une reliance invisible et universelle[43]. Dès l'Antiquité, les penseurs et les philosophes ont eu cette intuition de la monade, qui est plus que les parties qui la composent. Le résultat, c'est que l'artiste est incapable de représenter la beauté parfaite à partir d'un modèle unique. Déjà, Socrate faisait avouer au peintre Parrhasios que, pour représenter la beauté humaine, le peintre se heurte à une limite du monde sensible, incapable de fournir un modèle parfait. Donc, il sera obligé de sélectionner dans plusieurs corps les parties les plus réussies, afin de les combiner en un ensemble exempt de défauts[44].

Alors, il n'y a plus d'original, mais « une éternelle scintillation où se disperse, dans l'état du détour et du retour, l'absence d'origine »[45]. Ainsi, comme le disait Maxime Gorki, la monotonie est, paradoxalement, une des caractéristiques du créateur, et la littérature est à la fois un ressassement et une alchimie : c'est toujours la même chose, et ce n'est jamais la même chose ; c'est toujours la même histoire, et c'est toujours une autre histoire :

> « Chaque écrivain authentique est splendidement monotone, dans la mesure où ses pages répètent un schéma identique, une loi formelle de l'imagination créatrice qui transforme les matériaux les plus variés en figures et en intuitions toujours à peu près les mêmes. » (*La Mère*).

---

[43] C'est le sens de l'expérience célèbre d'Alain Aspect : même séparés par des distances immenses, deux photons primitivement reliés restent mystérieusement unis ; si l'on agit sur l'un d'eux, cela modifie le comportement de l'autre ; par delà le temps et l'espace, ils sont le même, et ils font partie d'une même totalité : Roméo et Juliette chez les photons...

[44] Cf. Xénophon, *Mémorables*, III, 55 sq.

[45] M. Blanchot, *Le Rire des dieux*, Paris, N.R.F., 1965.

C'est bien comme ceci que nous avons défini les mythes. Depuis l'*Iliade*, ce sont toujours les mêmes histoires que se raconte l'humanité, et qui nous renvoient aux archétypes ; mais ce ne sont jamais les mêmes histoires, et l'archétype ne se réduit pas à une monotonie. Il est une matrice, en perpétuelle émergence. Il y a toujours un prisme différent qui crée l'*unitas multiplex*. Les copies changent, mais gardent le lien avec l'origine. Dans ce jeu de la différence et de la répétition, l'artiste crée, comme dans un jeu de dés, différents lancers, qui composent le coup unique aux multiples formes et au retour éternel[46]. Car, pour reprendre la formule de Gorki, la Nature, comme modèle de l'écrivain, est elle aussi « splendidement monotone ». Elle crée avec une grande économie de moyens, allant à l'épure, à l'essentiel. C'est Cl. Lévi-Strauss qui, l'un des premiers, a défendu l'idée selon laquelle la diversité culturelle masque une combinatoire restreinte de structures mentales universelles, celle-là même dont G. Durand dresse une typologie avec ses *Structures anthropologiques de l'imaginaire*[47], et dont E. Morin propose une esquisse d'inventaire[48]. Dans le prolongement de ces avancées, David Brown dresse, dans son ouvrage *Human Universals*, une liste des 400 traits partagés par l'ensemble des cultures de la planète[49].

Cette conception du mythe – et de l'archétype – est assez voisine de celle d'un système. Ils sont capables de créer, avant d'être une référence. On voit émerger, avec les travaux de C.-G. Jung, un autre paradigme de la notion de modèle : non plus une reproduction tendant à la perfection, mais une création s'émancipant de son modèle sans pour autant le perdre de vue. On retrouve la célèbre notion d'inconscient structural telle que la définit Lévi-Strauss : « Les mythes se pensent dans les hommes et à leur insu[50]. » C'est la définition même d'un système auto-organisé, et de la notion de modélisation en systémique. L'archétype et le mythe se comportent comme des systèmes : ils sont à la fois *mémoire* indispensable à toute communication, et *projet* créatif. En ceci, ils apparaissent comme un facteur de reliance dans un monde de déliance. Nous touchons là à une forme d'actualité du mythe et de l'archétype : notre monde est en crise, c'est une banalité de le dire. Or qu'est-ce qu'une crise ? C'est

---

46 Cf. G. Deleuze, *Différence et répétition*, Paris, PUF, 1968, p. 263 sq.

47 G. Durand, *Les structures anthropologiques de l'imaginaire*, Paris, Dunod, 1992.

48 E. Morin et M. Piatelli-Palmarini (éd.), *L'Unité de l'homme. Invariants biologiques et universaux culturels*, Paris, Seuil, 1974.

49 D. Brown, *Human Universals*, New York, McGraw-Hill, 1991.

50 Cf. A. Deremetz, « Petite histoire des définitions du mythe », in *Mythe et Création* (P. Cazier éd.), Lille, Presses Universitaires, 1994, p. 26.

l'accroissement du désordre et de l'incertitude au sein d'un système. En se définissant à la fois comme une ouverture *et* une fidélité à l'origine, c'est-à-dire comme une matrice, un principe formateur, une forme de reliance, l'évocation des récits mythiques se charge d'une puissance supplémentaire : elle apparaît comme un des outils cognitifs qui nous permettent de mieux affronter nos défis.

Système cérébral, imaginaire, mythe et structure du vivant : une mise en miroir

« L'imagination est la plus scientifique des facultés, parce que seule elle comprend l'analogie universelle. »

(Baudelaire, *Lettre à Toussenel*)

C'est le moment d'évoquer les avancées des neurosciences, car elles nous aident à comprendre le sens profond des mythes. Les IRM fonctionnels nous ont permis d'établir une carte du cerveau, le connectome, qui met en évidence sa plasticité. On peut alors, grâce aux structures anthropologiques de l'imaginaire, mettre en évidence une structure mimétique, en miroir : la connaturalité qui associe :

— le système cérébral (triparti entre hémisphère gauche, hémisphère droit, et système relationnel faisant constamment dialoguer les deux hémisphère, en particulier par l'intermédiaire des neurones-miroirs),

— les productions psychiques du cerveau (le système de l'imaginaire, tel que G. Durand le présente dans sa typologie)

— et les productions de cet imaginaire, en particulier, pour ce qui nous intéresse, les récits mythiques.

Lorsque les neurosciences sont nées, au milieu du XXe siècle, elles ont imposé un nouveau paradigme épistémologique : désormais, les avancées scientifiques concernant le cerveau se font dans un contexte transdisciplinaire, associant des domaines jusqu'ici indépendants : l'anatomie, la biologie, la chimie, la pharmacologie, auxquels s'ajouteront, à partir des années 90, les sciences cognitives (philosophie, linguistique, psychologie, anthropologie), la robotique et l'informatique. Par exemple, les travaux de Patricia Churchland, qui croisent philosophie et neurosciences, dans le concept de « neurophilosophie », sont une bonne illustration de cette tendance.

On le voit, les neurosciences s'organisent dans un mimétisme et une analogie avec l'objet de leur étude : chacune des sciences partenaires garde sa spécificité, mais c'est de leur croisement que jaillit l'émergence d'une connaissance scientifique nouvelle. De même, le fonctionnement neuronal suppose que les neurones sont à la fois distincts et reliés : c'est l'objet du connectome, l'établissement d'une carte fonctionnelle du cerveau. Nous sommes typiquement dans un système complexe, une systémique, où l'émergence représente plus que la somme des composantes dont elle est issue, et où nous retrouvons les trois régimes de G. Durand : diurne, nocturne mystique et nocturne synthétique. En effet, à la fin du XXe s., l'IRM fonctionnelle et la neuro-imagerie ont permis de visualiser les différentes zones du système cérébral non seulement *in situ* mais « en action », dans l'exercice même de l'activité cérébrale. Cette approche a rendu possible une définition précise des fonctions cognitives spécifiques de chaque zone cérébrale, et en particulier des deux hémisphères cérébraux :

— L'hémisphère gauche, verbal, rationnel, analytique, qui correspondrait au régime diurne, avait eu une quasi-hégémonie, largement surévaluée, dans les représentations qu'on se faisait du cerveau au XIXe et dans la première moitié du XXe siècle. Pendant longtemps, ce cerveau « gauche » a été purement et simplement identifié à l'ensemble du cerveau. Il faut rendre aux médecins grecs cette justice de relever qu'ils avaient déjà subodoré un contre-pouvoir de ce cerveau rationnel. Mais ils l'avaient localisé… dans le sexe. Sur ce plan, Freud ne les aurait pas désavoués.

— L'hémisphère droit, holistique, émotionnel, artistique[51], qui correspondrait au régime nocturne mystique, n'a donc pu être repéré que récemment dans sa fonctionnalité. Il revient en particulier à Antonio Damasio d'avoir réhabilité le rôle de cet hémisphère droit, en montrant

> * que nos évocations d'un objet ne sont pas des reproductions exactes de l'original, mais des interprétations, des versions reconstruites, reposant sur des images, et non des mots. Donc les images sont les matériaux principaux à l'origine des processus de pensée, et la pensée ne saurait mieux se définir que comme un vaste imaginaire.

---

[51] Dès 1934, le poète portugais Fernando Pessoa écrivait, dans une belle intuition : « Ainsi nous tenons pour sûr que dans le Cinquième Empire il y aura la réunion des deux forces séparées depuis longtemps mais qui depuis longtemps se rapprochent : le côté gauche du savoir – la science, le raisonnement – et son côté droit – la connaissance occulte, l'intuition, la spéculation mystique et cabalistique. » (*Obra Poetica e em Prosa*, éd. Lello e Irmao, Porto, 1986, vol. III, p. 469).

> * que ce que l'on croit relever uniquement de la rationalité est en fait le fruit d'une « négociation » permanente entre les deux hémisphères, ce qui permet une réconciliation entre le corps et l'esprit, et la réfutation définitive de ce que Damasio appelle « l'Erreur de Descartes »[52] et de la conception dualiste selon laquelle l'esprit est distinct du cerveau et du corps, constitués d'organes mécaniques. Cette métaphore cartésienne avait été encore amplifiée, vers le milieu du XXe s., par la métaphore de l'esprit considéré comme un logiciel informatique. On mesure donc l'importance des travaux de Damasio, qui fait retrouver à la médecine une approche holiste, globale, des relations entre l'esprit et le corps. G. Durand a souvent insisté là-dessus : c'est un fait que Descartes, qui a pourtant contribué à modifier le cours de la médecine, l'avait aussi engagée dans une fausse route, avec sa conception dualiste, en lui faisant abandonner l'approche holiste, dans laquelle l'esprit et le corps ne faisaient qu'un, et qui avait pourtant prévalu d'Hippocrate à la Renaissance. Comme le dit Damasio non sans humour, « Aristote aurait été bien mécontent de Descartes, s'il l'avait su[53]. »

Car il faut ajouter que le cerveau tient l'essentiel de ses capacités de sa faculté à *relier* ces deux hémisphères. Cette prise de conscience des mécanismes relationnels dans la fonctionnalité du cerveau a encore été amplifiée par la découverte récente des neurones-miroirs (en 1996, par Rizzolatti, à Parme). Elle vient pleinement corroborer l'organisation déjà explicitée par G. Durand, en la situant au cœur même de l'organe central pour l'homme : son cerveau. La psychologie moderne (et en particulier les travaux de René Girard) avait déjà établi que la construction de soi a recours aux trois régimes de l'imaginaire : l'enfant est amené à se détacher (régime diurne) du sein maternel et de la relation fusionnelle (régime nocturne mystique) à mesure que lui sont proposés des objets de désir qui l'éloignent du corps de la mère. Ainsi, en psychologie, le désir est mouvement, et le mouvement est désir. C'est ce désir-mouvement qui permet l'individuation et la construction de soi : il est bien identifié à la fonction nocturne synthétique, celle du voyageur, du messager, du passeur et de l'initié. Quant au Père freudien, il représente l'interdit, et en ceci il participe du régime diurne. Il renforce le désir par l'interdit, en lui apprenant à différer sa satisfaction. Il enseigne au désir la *différance* au sens de Derrida. Il est aussi résilience au sens de Boris Cyrulnick : il apprend à

---

52 C'est le titre d'un de ses ouvrages majeurs.

53 A. Damasio, *L'Erreur de Descartes*, Paris, Odile Jacob, 2010, p. 339.

l'individu à survivre à l'instant, à durer, à se fortifier et se transformer en volonté.

Il faudra attendre la découverte des neurones-miroirs pour expliquer scientifiquement ce processus. Les neurones-miroirs déterminent nos capacités imitatives et notre empathie. Ils conditionnent donc notre apprentissage. Lorsque nous observons (ou imaginons) une personne, notre cerveau déclenche une activité similaire[54].

Ainsi, on découvre que c'est grâce aux neurones-miroirs que notre appareil neuronal s'est structuré, pendant les deux ou trois années qui ont suivi notre naissance, par mimétisme par rapport à nos parents, ou à des personnes qui se sont occupées de nous ; puis, pendant notre éducation, par mimétisme des personnes qui ont compté pour nous (professeurs, amis). Si ce processus mimétique ne se met pas en place, pour une raison quelconque, l'individu concerné sera presque sûrement psychotique. Les neurones-miroirs sont à la base de l'empathie, de la relation, de la compassion, de la culture. Ils nous permettent de découvrir, d'apprendre l'autre en le désirant (ou en le rejetant).

Les neurones-miroirs sont donc essentiels, car ils permettent la communication, avec l'autre comme alter ego, (ils sont en conséquence identifiés au régime « nocturne synthétique », et aux figures du passeur). Sans eux, nous serions autistes. Ils déterminent notre capacité d'empathie

---

[54] Rizzolati et son équipe découvrirent les neurones-miroirs par hasard. Ils conduisaient une série d'expériences sur un singe, dont le crâne était couvert de capteurs, reliés à un puissant scanner. Vient l'heure du déjeuner. Sans quitter le labo, l'équipe découpe une pizza et la mange. Mais voilà que le scanner du singe se met à sonner. L'animal est attaché sur son siège, il ne peut bouger, mais il regarde les humains manger, et chaque fois que l'un d'eux porte la main à la pizza, le singe fait sonner le scanner. En analysant celui-ci, Rizzolati finit par comprendre que, lorsque le singe voit l'un des chercheurs tendre la main vers quelque chose de désirable (en l'occurrence, la pizza), dans son cerveau, les mêmes circuits neuronaux s'activent que s'il tendait lui-même sa propre main, mais sans qu'il ne bouge. C'est ainsi qu'on a découvert les neurones-miroirs, et c'est une formidable étape nouvelle dans l'exploration scientifique du cerveau. Chaque fois que nous voyons une autre personne agir, surtout si elle nous paraît proche de nous, des neurones-miroirs « s'allument » dans notre cerveau, de la même façon qu'ils s'allument dans le sien. Étonnant processus mimétique, qui nous concerne tous, autant que le singe. — Autre expérience, avec une IRM fonctionnelle en 2007 : un pianiste « appareillé » joue, et sur l'écran une véritable symphonie de couleurs nous révèle la complexité de ce qui se passe dans son cerveau. Mais à côté, un autre pianiste ne fait que l'écouter, et c'est, dans son cerveau, quasiment la même symphonie de couleurs ! En revanche, chez un auditeur non musicien, il ne se passe pratiquement rien...

par leur fonctionnement mimétique. Les neurones-miroirs créent donc une troisième instance, sous forme d'une fonction relationnelle, d'essence imitative, qui est la force motrice des fonctions cognitive et émotionnelle, puisque cette fonction mimétique d'imitation est capitale dans l'apprentissage de l'enfant, puis dans les comportements de l'adulte : nous transformons les actes des autres en nos propres actions. Cela va jusqu'à la résonance émotionnelle : je me sens ce que l'autre sent.

Ce système relationnel n'est pas à proprement parler un « troisième cerveau », puisqu'il participe des deux autres ; les neurones qui ont déjà une fonctionnalité « gauche » ou « droite » sont capables, *en plus*, de cet effet-miroir. Mais par contre la fonction-miroir constitue bien une troisième instance, correspondant à la fonction relationnelle, et au régime nocturne synthétique de G. Durand.

Ainsi, les neurosciences nous confirment que l'organisation cérébrale est bien le reflet fidèle de l'imaginaire humain : bel exemple de phénoménologie, où l'on voit comment la théorie psychologique et anthropologique de Durand est vérifiée, trente ans plus tard, par la recherche neuroscientifique.

Plus précisément, G. Durand a eu l'intuition géniale d'une notion très importante en biologie, cinquante ans avant sa découverte scientifique : la notion d'exaptation. L'exaptation est une des facultés du vivant, qui explique son émergence. À la différence de l'adaptation (qui est une sorte de réglage du vivant sur l'environnement), l'exaptation est une transgression : c'est la possibilité de détourner une fonction biologique qui n'est plus utile à l'organisme (du fait, par exemple, des modifications de l'environnement ou du mode de vie), et de lui attribuer un nouveau rôle. Par exemple, les plumes des oiseaux avaient à l'origine une fonction de régulation de la température, avant d'être utilisées pour le vol. Pour passer du monde animal au monde humain, quand on passe au stade du fonctionnement neuronal *d'Homo sapiens*, l'espèce humaine a reconverti certaines zones de son cerveau, qui servaient initialement à l'ouïe, ou à la reconnaissance des formes, pour les réaffecter à des fonctions qu'il a lui-même créées : la lecture, ou la musique.

Or les structures anthropologiques de l'imaginaire définies par G. Durand reposent sur une exaptation décisive : le passage d'un système biologique (les réflexes) à un système symbolique qui en est à la fois le reflet et la sublimation, et qui va régir l'imaginaire l'humain sur un mode en miroir, par rapport à celui qui faisait régir notre comportement par les réflexes. Ainsi la réflexologie, puis les neurosciences, mettent en évidence la connaturalité des structures biologiques du cerveau avec les structures symboliques de la pensée. Et toute l'histoire de la symbolique est une vaste exaptation : des images, des récits, qui ont à l'origine une autre fonctionnalité, se chargent d'un niveau de sens souvent fort éloigné de leur valeur première.

Mais ces découvertes technologiques recèlent des avancées encore plus spectaculaires Une des révolutions évoquées dans ces projets, c'est que si une bonne partie du fonctionnement du cerveau s'explique très bien avec les lois de la physique classique, par contre, au niveau des synapses, quelque chose de nouveau émergerait, qui relèverait des lois de la physique quantique. Autrement dit, notre cerveau serait à la fois un super-ordinateur classique et un super-ordinateur quantique. Cette théorie, longtemps refusée par la communauté scientifique, vient d'être confirmée en 2014, à la fois au Japon et au MIT américain (*Massachusetts Institute of Technology*).

On sait que la fluctuation quantique repose sur un système aléatoire et probabiliste, métaphorisé par la fable du Chat de Schrödinger. Le principe de la superposition quantique s'y explique par le fait qu'un électron peut se trouver en plusieurs endroits simultanément, mais cette superposition disparaît dès que l'électron est directement observé ; au moment où on extrait l'information, l'électron opte pour un seul endroit et un seul état, il choisit d'exister sous une forme particulière. Les particules de la fluctuation quantique apparaissent sans cause déterminée, presque comme si elles étaient douées de volonté.

Or, puisque le cerveau est composé d'atomes, cette fluctuation quantique peut aussi être un des fondements de notre fonctionnement cérébral. Le cerveau fait face à une multitude de pensées chaotiques, inorganisées, qui coexistent, comme en superposition quantique, et à un moment, il doit choisir. Face à plusieurs possibilités, la conscience opte pour l'une d'elles, un peu comme l'électron choisit une forme quand il est observé. Les scientifiques pensent que ces « sauts quantiques » pourraient se produire dans les synapses.

Donc, dans le cerveau, la fonction d'onde encore indéterminée, c'est *l'inconscient*, ou *l'imagination*, encore aléatoire, et où toutes les possibilités coexistent en parallèle. Et l'effondrement de la fonction d'onde (qui réduit un système physique à ce qu'on en a mesuré) trouverait, dans notre cerveau, un équivalent dans *la décision* qui choisit et concrétise une possibilité unique. Dans ce contexte, cela revient à dire que, du point de vue macroscopique, tout est déterminé. Mais tout est encore un problème de représentation : du point de vue du microcosme de chaque individu, rien ne semble déterminé, car personne ne sait ce qui va se passer.

Autrement dit, le cerveau fonctionne bien comme un super-ordinateur, mais comme un super-ordinateur quantique, dont la grosse supériorité sur l'ordinateur classique est justement, grâce au principe de superposition quantique, de pouvoir effectuer en même temps un nombre très élevé de calculs, alors que l'ordinateur classique ne procède qu'à un calcul à la fois. Si ces hypothèses sont avérées, la capacité de traitement de l'information par le cerveau humain serait potentiellement bien supérieure à celle qu'on lui attribue aujourd'hui

Il y a plus. Les scientifiques s'accordent maintenant à considérer qu'il n'y a pas deux physiques distinctes, la physique quantique pour le microcosme et la physique classique pour le macrocosme. L'univers forme un tout, tout y est relié, et les lois sont les mêmes pour le macrocosme et le microcosme. Donc, notre cerveau et le cosmos ne sont pas séparés par une barrière entre « moi » et « le monde », ils forment un tout, et ils peuvent communiquer. On voit les possibilités extraordinaires que cela ouvre. À un niveau plus profond de la réalité existerait donc une physique de la conscience encore inconnue, relevant de la physique quantique, et dont nous ne pouvons pour le moment qu'entrevoir l'ombre dans ce que nous pressentons du fonctionnement du cerveau au niveau des synapses. Mais les travaux de C.-G. Jung sur la synchronicité[55], ceux de Wolfgang Pauli, de Roger Penrose, de Karl Pribram, de David Bohm, ceux, certes controversés, de Rupert Sheldrake sur la résonance morphique[56], tendent à établir que des systèmes pourraient interagir en l'absence de toute relation physique entre eux. C'est le sens des travaux d'Andrew Newberg et Eugène d'Aquili, créant une modélisation qui fasse le lien entre l'expérience mystique et le fonctionnement observable du cerveau. Notre cerveau toucherait donc là à l'expérience du sublime, mais entendons-nous bien : sans mettre là-dedans la moindre connotation spirituelle ou religieuse. Le sublime pourrait alors se définir comme un ravissement de l'être, qui contracte la psyché, puis la décontracte à l'infini : un élargissement du moi qui s'ouvre à la vastitude du cosmos, une forme de choc, comme on peut l'éprouver devant une merveille de la nature ou de l'art : le fameux syndrome de Stendhal. Chacun accède alors au centre de lui-même (l'*introrsum ascendere* dont parlaient les mystiques médiévaux), et découvre que le cosmos s'y trouvait déjà. Selon un principe holiste, la mémoire du monde est contenue dans la mémoire individuelle. C'est ce que disaient déjà Jung, et les *Upanishad* de l'hindouisme ; mais soulignons qu'on peut désormais faire cette investigation hors d'un contexte spirituel : pour reprendre la fameuse réplique de Laplace à Napoléon, qui lui demandait pourquoi son traité de cosmologie ne mentionnait pas Dieu, « Sire, je n'ai pas besoin de cette hypothèse ! »

---

55 Cf. C.-G. Jung et W. Pauli, *Correspondance* (1932-1958), Paris, Albin Michel, 2000.

56 Cf. R. Sheldrake, *Une nouvelle science de la vie*, Monaco, Rocher, 1985.

Dans ce contexte, les *Structures anthropologiques de l'imaginaire* prennent une nouvelle dimension. Les trois constellations qu'elles mettent en évidence sont également les trois schèmes qui décrivent l'aventure de la psyché humaine dans sa prise de conscience de cette immersion océanique que nous venons d'analyser. Pour que cette expérience soit totale, elle doit passer par trois phases :

— **monter** vers ce qui est plus grand que soi : ce sont les schèmes ascensionnels du régime diurne héroïque, c'est la projection vers toutes les formes du sublime, c'est l'élan magnanime, celui de la grande âme, c'est la poétique des cimes et des sommets, c'est l'esthétique du sublime.

— en même temps, elle tend vers un rêve de **fusion** : c'est l'immersion océanique de la psyché dans ce grand corps du monde ; et ce processus correspond au régime nocturne mystique, celui de la fusion.

— enfin rien de cela n'est possible si tous les éléments de ce grand corps cosmique, y compris la psyché, ne sont pas **reliés** : ce sont les schèmes de la relation et du réseau, dont les neurosciences nous ont appris qu'ils étaient indispensables au fonctionnement du cerveau (les Anciens appelaient déjà une partie du cerveau *rete mirabile*, le « réseau admirable ») : ces schèmes du maillage et de la complexité sont caractéristiques du régime nocturne synthétique, dont les images majeures sont celles du Fils, de l'Initié et du Voyageur, tous ceux qui passent et qui relient.

Ces trois instances (monter, fusionner, relier) constituent la matrice de l'organisation du cosmos, de celle du vivant, de celle de la psyché, et, ajouterons-nous, la base de la construction des mythes, le tout s'inscrivant dans cette « monotonie sublime » des grandes forces primordiales, si bien repérées par G. Durand. Nous définissions l'imaginaire comme le dynamisme organisateur des grandes instances de la psyché humaine[57]. Dans ce contexte, on pourrait définir le mythe comme le dynamisme, organisé en récits, des grandes instances de l'imaginaire.

Enfin, le tableau ne serait pas complet si, à la lumière de tout ce que nous avons dit sur la polarisation entre le Haut et le Bas, dans les récits mythiques de l'organisation du cosmos, comme dans ceux de la construction de la psyché, nous ne lui donnions pas une dimension supplémentaire, prenant en charge cette dimension bipolaire entre mondes sublimés et mondes fantasmés : dans son processus de création, de soi et du monde, le héros est pris dans une double postulation entre des forces émergeantes (dans le monde du Père comme dans celui de la Mère) et des

---

[57] Cf. J. Thomas, *Introduction aux méthodologies de l'imaginaire*, Paris, Ellipses, 1998, p. 19.

forces mortifères, déterminant le risque de l'aventure héroïque : l'entropie maximale, dans l'immobilisation ou dans la dissolution. Au rêve de la stabilité, ou de la fluidité, s'opposent le cauchemar de l'écrasement ou celui de la noyade. Le même objet, le même élément sont constamment ambigus, et se chargent d'une force potentiellement vivifiante ou mortifère. C'est ce qui fait osciller le héros entre l'épopée à la tragédie, et c'est là que nous situerions, pour paraphraser Pascal, toute la grandeur et la misère de l'homme, qui nous est donnée à voir, en miroir, dans les récits mythiques :

ÉMERGER	**Niveau sublimé**	**S'ÉCOULER**
Être soi	ÉROS	Être pour les autres
Projection vivifiante		***Projection vivifiante***
Le Rocher	Le Voyage	La Source
Énée, Ulysse	Tension créatrice	Énée, Ulysse
sublimation	**TISSER**	sublimation
Côté d'APOLLON	Récits de la genèse et de la commémoration	Côté de DIONYSOS
régression	Monde d'HERMÈS	régression
Projection mortifère		***Projection mortifère***
Encelade		Icare
Entropie maximale dans l'immobilisation		Entropie maximale dans la dissolution
	Niveau phantasmé	
SE SÉPARER, CASSER	ÉRIS	**SOMBRER**

CONCLUSION

« Les dieux, toujours les mêmes, hantent déjà l'océan futur. »

(M. Foucault, *Les Mots et les Choses*)

« La tradition n'est pas le retour à un passé désuet, mais la permanence des origines dans la durée. »

(Frédérick Tristan)

« Comme on ne voulait plus marcher au pas cadencé, on a programmé la débandade. Résultat : on n'apprend plus à écrire ni à parler, il faut se livrer à sa pulsion. Dommage pour la subversion. Les révolutionnaires ont été formés par les Jésuites, et Rimbaud a passé trois ans de sa vie à écrire des vers latins...Pourquoi s'imaginer que la nostalgie est un boulet au pied ou une déploration stérile ? Elle est un défi, une invitation à prendre ce qu'il y a de plus fortifiant dans le passé...Certes il faut aller dans les catacombes, mais pas pour y rester. Parce que la nostalgie, camarades, c'est un coup de pied au cul ! »

(Régis Debray, *Modernes catacombes. Hommage à la France littéraire*, Paris, Gallimard, 2013)

Les mythes sont bien la preuve de la force et de la réelle présence d'un imaginaire à l'œuvre dans la construction de nos sociétés, et de nos psychés individuelles. Ils nous confirment qu'*Homo sapiens* est, d'abord, *Homo symbolicus*. Dans notre monde où, trop souvent, la formule « C'est purement symbolique » équivaut à « Cela ne sert à rien », il est sans doute urgent de rappeler qu'une société ne tient et ne vit que par sa croyance dans les mythes qui la sous-tendent et qui l'irriguent. Notre monde matérialiste a tendance à évacuer ce contenu symbolique. C'est une grave erreur, qui risque en particulier de conduire notre jeunesse au cynisme ou au désespoir. Quand on ne croit plus aux mythes, et aux valeurs qu'ils véhiculent, que reste-t-il ? Des êtres sans qualité et sans identité, qui vivent dans une misère symbolique. Il faut éviter à tout prix la phrase terrible de l'Ernestine du *Chiendent* de R. Queneau : « V'la que j'meurs, qu'est-ce que j'aurai foutu ici ? » On ne dira jamais trop que c'est l'imaginaire, autant que le réel, qui nous permet d'avancer dans ce monde, et d'être heureux en ayant le sentiment de ne pas avoir eu une vie vide ou inutile, banalisée jusqu'à perdre son sens. Les mythes ne « servent » à rien, mais ce sont eux qui sont capables d'unir les hommes, de les pousser à se dépasser eux-mêmes. Et ces temps de crise identitaire, notre société européenne en a la conscience obscure : quand elle se sent menacée dans son existence, elle veut réaffirmer son identité, son histoire, sa mémoire, à travers nos mythes modernes, et elle se regroupe autour d'eux : les droits de l'homme, le drapeau tricolore, la laïcité, la place de la République. Sans cette communion avec nos mythes fondateurs, ce sont tout notre corps social et toute notre construction psychique individuelle qui se défont. Nous devenons vides, stériles, nous n'avons plus rien à transmettre. Et quand un domaine qui touchait au mythe, comme le sport, se corrompt et se dénature dans des pratiques commerciales, il perd cette capacité de sublimation et d'émerveillement : le football, le Tour de France cycliste, jadis générateurs d'épopées et de mythes, ne font plus rêver aujourd'hui. Méfions-nous de cette mise en déshérence, de cette misère de l'imaginaire contemporain, réduit à une portion congrue, trop souvent dénaturé par deux miroirs bien déformants : l'argent et le sexe. Un individu, pas plus qu'une société, ne peuvent vivre sans mythes. L'ignorer, ou l'oublier, nous conduirait à un désastre anthropologique.

Mais croire, ce n'est pas croire n'importe quoi[1]. Les terribles égarements du fanatisme religieux sont là pour nous le rappeler. Là encore, les mythes gréco-romains ont leur mot à dire : ce qu'ils nous proposent, c'est une construction harmonieuse de la psyché individuelle, et des structures collectives de la cité. Après l'effort vers le sublime, c'est l'effort vers l'harmonie qui prévaut. Ulysse, Énée, sont des héros du juste milieu, qui avancent en ne cessant de réconcilier les contraires. En ceci, ils proposent une *paideia*, une école d'apprentissage individuelle et collective.

Car ce sont bien les mythes qui nous apportent cette richesse. Ils nous ouvrent les yeux, ils nous apprennent à lire, et à aller où nous sommes déjà, sans le savoir. On connaît les travaux de J. Campbell, et ses théories sur le monomythe. Elles peuvent se résumer ainsi :

> « Un héros s'aventure à quitter le monde du quotidien pour un territoire aux prodiges surnaturels : il y rencontre des forces fabuleuses et y remporte une victoire décisive. Le héros revient de cette mystérieuse aventure avec la faculté de conférer des pouvoirs à ses proches[2]. »

---

[1] Sur ce plan, il faut prendre avec prudence, mais intérêt, la déclaration de Joseph de Maistre : « L'homme ne vaut que par ce qu'il croit. Ce n'est pas qu'il faille croire à des sornettes, mais toujours vaudrait-il mieux croire trop que de ne croire rien. » (*Lettre à la Comtesse d'Edling*).

[2] J. Campbell, *Le Héros aux mille et un visages* (tr. fr.), Paris, Laffont, 1977.

Partir, découvrir, combattre, triompher, revenir, transmettre : on aura reconnu un schéma présent dans tous les mythes que nous avons analysés, de Gilgamesh à l'*Énéide*, en passant par Thésée, Héraklès *et alii*. On peut suivre ces récurrences dans le détail : le héros est livré au *diasparagmos*, il voyage, il affronte un fléau qui ravage le pays, il a recours à la *métis*, l'intelligence adaptatrice : on voit les thèmes récurrents qui composent un système mythologique, et créent un fil rouge, une unité de l'ensemble des récits, avec comme vocation et comme constante de montrer les voies de la remontée et les dangers de la chute. Le schéma s'élargit à l'ensemble des récits et des rituels initiatiques, très stables eux aussi, dans leur tripartition :

— partir, se détacher du monde ancien

— découvrir un monde de révélations et affronter des épreuves qualifiantes

— revenir pour communiquer les révélations acquises à l'ensemble de la communauté.

Il y a plus : lorsque George Lucas a commencé à écrire le scénario de *Star Wars* en 1973, il a pris J. Campbell comme consultant... et il a créé une saga qui a eu l'extraordinaire impact que l'on sait dans notre monde moderne[3], avec le même « système mythologique » que celui des mythes classiques. C'est toujours la confrontation aussi vieille que l'humanité entre le bien et le mal, c'est aussi (dans le cas des mythes) l'émergence d'une complexité qui permet au héros de s'orienter et de se construire. D'Ulysse à Luke Skywalker, nous retrouvons la même image du héros et se sa quête initiatique. De surcroît, *Star Wars*, comme les mythes classiques, échappe à toutes les tentatives rationnelles d'explication ; ce sont des produits de l'imagination humaine, qui veut dire les mystères du vivant par un autre discours que celui de la raison : celui de l'imagination, dont on a vu qu'il était l'apanage de la condition humaine, en même temps que le moteur de l'extraordinaire émergence d'*Homo sapiens*.

On sait que les théories de Campbell[4] ont été très critiquées par les mythologues, qui lui reprochent d'être trop exclusivement (et trop sommairement) manichéen, et surtout de mettre sur le même plan mythes et religions, qui relèvent effectivement de structures d'imaginaires bien différentes ; on a vu par exemple que, alors que la religion est *ne varietur*, et trouve sa force dans son invariance même, le mythe a une plasticité qui lui permet de s'adapter, de se couler dans des époques et des civilisations

---

[3] Le dernier avatar en date étant *Le Réveil de la Force*, septième épisode d'une saga commencée en 1973, et donc vieille de 43 ans.

[4] Les tentatives d'interprétation évhémériste n'ont jamais été les plus performantes ni les plus intéressantes en matière d'exégèse des mythes.

fort éloignées les unes des autres. De même, la notion de monomythe, ouverte sur le concept d'archétypes, est trop peu nuancée. Nous lui préférons de loin celle de l'Arbre aux images de J.-J. Wunenburger[5] : les mythes sont tous reliés à un terreau commun par leurs racines, mais chacun possède un feuillage spécifique, avec son propre chatoiement, à nul autre pareil ; feuillage et racines sont liés par la circulation de la sève dans le tronc, pour produire un ensemble fonctionnel et dynamique. Mais il revient à Campbell d'avoir, après C.-G. Jung, attiré notre attention sur les points communs entre les différents mythes, dans l'espace et dans le temps ; assurément, il est tout aussi important de se concentrer sur leurs ressemblances que sur leurs différences.

On aurait donc bien tort de croire que, dans notre société, les mythes sont morts. D'ailleurs, ils ne peuvent pas mourir, puisque, comme nous l'avons souligné, ils sont consubstantiels à l'activité imaginaire, qui est elle-même reliée à l'activité biologique de notre cerveau. C'est pour cela que non seulement Ulysse, Énée, Thésée, nous parlent toujours, mais nos écrivains, nos cinéastes, ne cessent de créer des mythes modernes qui sont puissamment – mais souterrainement – reliés aux mythes classiques. Ainsi, de façon très stable dans l'espace et dans le temps, les mythes ont un double rôle dans notre imaginaire : faire rêver, soulager l'angoisse existentielle ; et nous apprendre à vivre, à construire notre psyché tout en construisant le monde. C'est surtout sur cette deuxième dimension du mythe, son rôle anagogique et transformateur, que nous avons voulu insister dans ce livre. Car ces histoires séduisantes et terribles nous parlent d'un passé qui n'est nullement révolu ; en saisir le sens pour nous fait partie d'un « devoir de mémoire » plus général. Comme nous le relevions au début de ce travail, dans la saisie neuro-sensorielle de l'espèce humaine, « voir » et « imaginer » ne présentent pas de différence ; donc, l'imagination et la saisie du réel sont tout aussi « vraies » et efficaces l'une que l'autre pour notre psyché : c'est bien la puissance de l'imaginaire, et avec lui celle des mythes qui ont eu autant d'impact sur le monde que les capitaines de guerre. On pense à Alexandre, pleurant sur la tombe d'Achille, et regrettant de n'avoir pas pour lui-même un Homère que raconte ses exploits, et le fasse passer à la postérité. Ainsi, il n'y a rien de nostalgique dans les mythes, et plus généralement dans l'évocation du passé. Car, comme le dit R. Debray dans une formule alerte,

---

[5] J.-J. Wunenburger, « L'arbre aux images : introduction à une topique de l'imaginaire », in *Hekateia. Au carrefour des savoirs* (P. Carmignani et J. Thomas dir.), Perpignan, Presses Universitaires, 2002, p. 13-25.

« pourquoi s'imaginer que la nostalgie est un boulet au pied ou une déploration stérile ? Elle est un défi, une invitation à prendre ce qu'il y a de plus fortifiant dans le passé [...] Certes, il faut aller dans les catacombes, mais pas pour y rester. Parce que la nostalgie, camarades, c'est un coup de pied au cul[6] ! »

Comprendre le mythe, c'est le faire sien, et guérir.

[6] R. Debray, *Modernes catacombes. Hommages à la France littéraire*, Paris, Gallimard, 2013.

APPENDICE

Annexe 1

Survivances et camouflages du mythe dans les formes d'expression artistique contemporaines. Un exemple au cinéma : L'*Énéide* et *Cinéma Paradiso*[1]

> « Si l'Antiquité ne peut plus faire rêver nos contemporains, c'est que nous sommes de mauvais philologues. »
>
> (J. Pigeaud, *L'Art et le Vivant*, Gallimard 1995, p. 18)

Une des preuves de la pérennité d'un mythe fondateur, comme celui de l'*Énéide*, c'est la constance avec laquelle les créateurs ont intégré ce récit dans leur propre imaginaire, où ils l'ont en quelque sorte entrelacé, tissé avec leur création personnelle. Le cinéma est sur ce plan un acteur important de cette mise en miroir entre une œuvre et le prisme de ses réécritures. On sait que les versions cinématographiques de l'*Énéide* ne manquent pas. Mais elles sont souvent médiocres, et c'est un film sans rapport apparent avec l'*Énéide* qui a retenu notre attention : *Cinéma Paradiso*, de Giuseppe Tornatore. En le regardant, un antiquisant est frappé par l'évidence du lien qui unit cette œuvre moderne à une épopée bimillénaire comme l'*Énéide* de Virgile. Examinons les deux *scenarii*. Nous voudrions montrer que, très différents dans leurs contextes (mythique et prestigieux chez Virgile ; quotidien et humble chez Tornatore), ils mettent en œuvre des canevas et des processus comparables : deux récits initiatiques de l'individuation et du passage de l'enfance à l'état d'adulte :

---

1 Ce développement est une version révisée et remaniée de l'article « L'*Énéide* et *Cinéma Paradiso* : deux variations sur le thème archétypal des destins croisés et du voyage initiatique », in *L'imaginaire religieux gréco-romain* (J. Thomas dir.), Perpignan, Presses Universitaires, 1994, p. 317-327.

— Énée, prince troyen, fuit Troie ravagée lors du sac de la ville par les Grecs. Perdu, désorienté, tenté par des aventures ou des solutions qui se révèlent sans lendemain (comme l'épisode carthaginois), il finit par accomplir le voyage qui le conduit sur le site de Rome, et il y fonde une cité qui sera une nouvelle Troie, une *Troia melior*, perçue comme une résurrection régénérée de la vieille Ville Sainte de l'Est, et de l'ancien Paradis perdu.

— Toto, petit garçon d'une pauvre bourgade de Sicile, est pris en affection par Alfredo, le projectionniste du cinéma Paradiso, qui fait rêver tout le village, malgré la farouche censure du curé. Toto devient l'aide d'Alfredo, puis lui succède, jusqu'à ce que, devant un univers qui s'effrite autour de lui (Alfredo est aveugle ; l'amour d'adolescence de Toto, Elena, le laisse sans nouvelles), il parte pour Rome, où il devient un célèbre réalisateur de films ; ainsi, toutes ses images à venir sont en quelque sorte nées dans l'antichambre que fut le cinéma Paradiso, dont le reflet nostalgique, mais nourricier, alimentera la création de Toto.

On le remarquera, les deux récits racontent deux expulsions du Paradis perdu de l'enfance (la Troie d'Énée ; la Sicile de Toto), et deux accomplissements de ce que les Orientaux nommeraient le *dharma* du héros : ce pour quoi il a été appelé, et ce qu'il doit réaliser dans sa vie, en accord avec ce que nous, Occidentaux, appellerions son destin, et qui fait sentir sa force sur les deux œuvres. D'ailleurs, dans les deux cas, le lieu de l'assomption, c'est Rome : une ville à créer dans l'*Énéide*, devenue mégapole invisible dans *Cinéma Paradiso*.

La version courte de *Cinéma Paradiso* – la seule diffusée en France, dans un premier temps – tendait à banaliser la lecture symbolique du film – même si y éclataient déjà toutes ses qualités d'émotion et de poésie –, en nous présentant une vision un peu sommaire du destin de Toto, le héros : structure clivée, à connotations surtout sociologiques, thème maintes fois ressassé de l'étouffement dans une campagne pleine de charme mais condamnée à mort par une mégapole invisible mais tentaculaire, et incontournable pour un jeune homme qui veut créer et produire. Dans un rôle de mentor, entre le père et le frère aîné, mais en même temps de double gémellaire et obscur, Alfredo le projectionniste, condamné, lui, au rôle de voyeur, de rêveur d'un monde vécu par procuration, ne veut pas que Toto s'enlise à sa suite dans le même désert, et l'oblige, lui qui est plein de promesses, à partir pour ne pas revenir (comme Énée quittant Troie pour toujours), mais à emporter l'esprit du cinéma Paradiso avec lui (comme Énée emportait les Pénates de Troie), pour le faire germer à Rome, dans ses propres créations : ainsi, le Cinéma Paradiso ne meurt pas, dans un beau cycle de mort et de résurrection que l'*Énéide* partage avec le film de Tornatore.

Toutefois, le lien entre le désir qu'Alfredo a de voir partir Toto, et le départ effectif de celui-ci n'apparaît pas clairement dans la version courte, et sa cohérence symbolique s'en trouve fort affaiblie : elle reste au niveau d'un clivage dirimant entre la solitude de la bourgade sicilienne, où vieillit un Alfredo sacrifié, et la fécondité de la ville, où Toto – au demeurant peu épanoui dans sa vie personnelle – produit son œuvre. La version longue – la seule vraiment voulue par Tornatore, la version courte n'ayant, comme d'habitude, pour seule justification que des impératifs commerciaux – prend une tout autre dimension : tant il est vrai que ces remaniements à finalité mercantile peuvent défigurer, en profondeur, toute l'œuvre, et en quelque sorte l'aplatir, pour la plus grande frustration, sans doute, du réalisateur. Dans cette version intégrale, les cinquante minutes supplémentaires sont essentiellement consacrées à une très belle scène où Elena, l'amour de jeunesse de Toto, lui apprend, bien plus tard, lors de l'enterrement d'Alfredo, qu'elle était allée au rendez-vous que Toto lui avait fixé dans la cabine du projectionniste. Lui-même était en retard, et lorsqu'il était arrivé, elle n'était pas là (on croirait revivre l'histoire de Pyrame et Thisbé...). Alfredo, le seul à avoir été là pendant toute la scène, affirme alors à Toto qu'Elena n'est pas venue. Quant au message qu'elle avait laissé, il s'est égaré au milieu du monceau des fiches techniques des films (symboliquement, la vocation « mange » l'amour : le doigt du destin s'est glissé là...). Solitaire, se croyant abandonné, Toto part pour Rome, puisque plus rien ne le retient (comme Énée, au IVe livre de l'*Énéide*, coupait les amarres qui liaient son vaisseau à Carthage, et partait vers le soleil levant, et vers Rome) : le mécanisme de son destin de grand réalisateur est armé.

La révélation d'Elena est capitale : elle nous apprend, contrairement au contenu de la version courte, qu'Alfredo a joué un rôle actif dans le destin de Toto, qu'il a même scellé son destin. Son infirmité – il est aveugle – nous apparaît alors comme un de ces signes, si fréquents dans l'Antiquité, qui désignent le messager, ou le personnage providentiel : il ne voit pas le monde « ordinaire », mais il est ouvert à une autre dimension, plus subtile, comme Œdipe à Colone. D'Homère à Borgès, on sait que la cécité a toujours été mise au compte d'une lucidité supérieure. Qui plus est, Toto et Alfredo forment un véritable couple, dont les destins sont croisés : Toto a sauvé la vie d'Alfredo – qui est resté aveugle – lors de l'incendie de sa cabine de projection ; mais ce n'était en quelque sorte que pour permettre, plus tard, à Alfredo de le sauver et de le faire « vivre » à son tour, en lui cachant la venue d'Elena : coupé de sa dernière attache sentimentale au monde de son enfance, Toto n'hésite plus à partir pour Rome, où, comme nous l'avons dit, il accomplira son *dharma*. Les destins de Toto et d'Alfredo, en apparence si différents, sont en fait secrètement unis, et en quelque sorte interactifs : ils se sont trouvés pour former un véritable couple, et accomplir ensemble un travail. La sensibilité de Tornatore rend admirablement cette charge émotionnelle privilégiée qui ne cesse de les relier.

On peut en dire autant d'Elena et de Toto, autre couple indéfectible, malgré les apparences ; ils ont été séparés, mais aucun des deux n'a connu, de son côté, un bonheur harmonieux, comme s'ils restaient pris dans le souvenir nostalgique de leur amour impossible de jeunesse. Tels les parties séparées de l'androgyne platonicien, ils portent l'un et l'autre, « en creux », et dans une forme d'absence et de frustration, une trace aussi profonde, aussi forte, que celle qui marque, « en relief », la trajectoire de Toto et d'Alfredo.

Les autres sont exclus de ce triangle magique : Toto n'a que des rapports superficiels avec sa famille par le sang, puis il cesse totalement de la voir, après son départ, comme si, sans être hostile, elle était étrangère à ce qui constitue, profondément, son destin. De même, Énée devient étranger à Troie, étranger à Carthage : il y passe sans pouvoir s'y ancrer ; et les envoyés qui le guident vers son destin le conduisent ailleurs, vers le site de Rome.

II aura donc fallu tout ce réseau complexe pour que s'accomplisse le destin de Toto ; il s'agit bien d'une lecture ontologique, et non plus sociologique. Le village est comme l'antitype de la ville, mais sur un plan profond ; dans le village, il y a ce cinéma fascinant, chargé d'un rôle à la fois passif et actif :

— passif, car il est à lui seul comme une représentation mythique du reste du monde, qui se donne à voir en rêve aux villageois fascinés ;

— actif, car pour Toto, il est une sorte de bombe à images et à idées, qui sera l'antichambre de sa création de cinéaste : lieu magique et ambigu, où l'on voit le monde, sans avoir aucun pouvoir sur lui, et où tout dérive dans le rêve, à l'instar de cette stérilité qui frappe le village accablé de soleil, ses habitants endormis, et Alfredo lui-même, qui n'a pas eu d'enfants. Mais aussi, lieu fécond, qui sera le creuset de l'imaginaire alimentant l'œuvre de Toto.

Trame et chaîne

Donc la négativité fondée sur les images de séparation et de stérilité n'est qu'un des deux aspects du visage janiforme de *Cinéma Paradiso*, et de celui de l'*Énéide*. Cette vision partielle s'alchimise, se charge positivement, dès l'instant où les symboles négatifs sont identifiés au creuset qui alimente la création à venir de Toto, et celle d'Énée.

L'immobile et le mobile – les deux pôles de ces deux mondes – se complètent alors dans un véritable tissage. Car, dans *Cinéma Paradiso*, ce lien qui unit Toto et Alfredo d'une part, Toto et Elena d'autre part, nous semble particulièrement pur, et digne de l'épopée et de la tragédie antiques : à eux trois, ils en tissent les destins croisés. Et, dans ce tissage, de même qu'il y a une trame mobile (une respiration) et une chaîne immobile (une mémoire), Toto est du côté de l'action, de la création, tandis qu'Alfredo et Elena restent dans l'immobilité de leur pays d'enfance, du côté de la mémoire et de la nostalgie ; mais ils sont reliés souterrainement à Toto, de la même façon que trame et chaîne n'existent que par la navette permettant le tissage. Secrètement, obscurément, ils le savent, et il le sait. De même, dans l'*Énéide*, il y a un côté d'Énée, qui est celui du faire, dans l'action et le détachement, et qui constitue à proprement parler le portant épique du diptyque de l'œuvre. Et, parallèlement, indissociablement, il y a un côté de Troie, un côté de Carthage et de Didon, un côté de Turnus : le versant de ceux qui restent, qui meurent, que l'on oublie en route, ceux qui ne passent pas dans le monde du héros ; c'est le portant tragique du diptyque. Mais ce qui illumine l'*Énéide* – et l'œuvre de Tornatore –, c'est que ces deux portants se referment, comme un éventail, sur la totalité de l'œuvre, perçue comme un récit initiatique complexe : ni épopée de l'agir, ni tragédie du subir, mais les deux à la fois, à travers le lien qui unit les couples, dans le besoin qu'ils ont les uns des autres.

Car il semble que Tornatore, comme Virgile, aient, dans une belle intuition, admirablement senti, à travers leur vision poétique, les deux visages indissociables du désir :

— désir « en creux », sentiment du manque, de la déréliction, de la séparation d'un Paradis perdu, qui est à la fois dans les mondes fascinants projetés, au cœur même du village de l'enfance, par le cinéma Paradiso (au nom révélateur), et dans l'image maternelle, séductrice et chaleureuse, de Troie, la ville natale, comme archétype de l'enfance d'Énée, mais aussi de Carthage, comme archétype de sa passion amoureuse, de son expérience du bonheur humain « ordinaire ».

— mais aussi, désir « en relief » de retrouver et de faire coïncider, de relier et de créer : le vieux cinéma du village sicilien est aussi le creuset qui alimentera la création du Toto cinéaste ; Alfredo utilise l'amour adolescent impossible de Toto (condamné à l'échec par une résistance sociale : Toto et Helena sont séparés par leurs milieux) comme tremplin pour réaliser son *dharma*, et comme aliment de sa création à venir. De même, Énée dépasse son amour malheureux et condamné pour Didon, parce qu'il ne peut s'arrêter là : ce n'est pas son *dharma*. Dans une sorte de respect réciproque, vainqueurs et vaincus se font vivre mutuellement, et nous disent qu'il n'y a, secrètement, derrière les apparences de la scène, ni sacrificateur ni sacrifié, mais commémoration du Sacrifice archétypal, celui dont parlent tous les récits d'initiation, et qu'ils présentent comme le mystère même de la vie, sous forme de l'alliance des destins croisés qui tissent le sens de l'aventure de l'*homo viator*.

Dans l'*Énéide* comme dans *Cinéma Paradiso*, on le voit, le débat est posé en termes cornéliens : le bonheur individuel contre le *dharma*, la passion contre le devoir. Et dans les deux cas, la réponse est la même : il n'y a déchirement qu'en apparence, en surface. En fait, le clivage apparent se résout profondément en une complémentarité fructueuse. Si Toto et Elena, Énée et Didon, avaient surmonté l'obstacle social, nos deux auteurs nous disent implicitement qu'ils n'auraient pas suivi la route de leur *dharma*, et qu'ils se seraient gaspillés l'un par rapport à l'autre. C'est pour cela que les deux œuvres sont pleines, chaleureuses, touchantes, mais pas vraiment tristes ; ce sont des hymnes à une solidarité complexe, et non des constats d'échec solitaire, et, en cela, elles échappent l'une et l'autre au syndrome du « bovarysme ».

Les différences et les écarts

Mais il est une différence notable entre l'enfance du Toto de *Cinéma Paradiso* et l'histoire d'Énée : l'univers moderne décrit par Tornatore est sous le signe – si caractéristique de notre temps – d'une forme moderne de la banalisation : la médiatisation, au sens où René Girard emploie ce mot ; c'est un univers d'images, qui se donne à voir, et où le héros est aussi un voyeur, dont le risque essentiel est de vivre par procuration ; monde bien différent, en ceci, de l'*illud tempus* mythique de l'*Énéide*, coïncidant avec la fondation, la création. On l'a vu, Énée agit en héros éponyme, il fait exister le monde en le nommant (comme Évandre lui désignant par leur nom les sites de Rome à venir, en VIII, 337 sq.) ; alors que Toto, devenu créateur de génie, produira...d'autres images, toujours dans ce monde de l'illusion, spéculaire, qui est une sorte de reflet de la vie ; car tout n'est plus possible dans le monde de *Cinéma Paradiso ;* de même que le roman succède à l'épopée, comme l'a bien vu Lukacs, de même le cinéma, art « moderne », reflète d'abord les thèmes de la société dans laquelle il vit (la désintégration des valeurs, la nostalgie, la déréliction).

D'autre part, la notion de sacré a profondément évolué dans le passage qui s'est fait vers une société moderne, comme cela a été bien repéré par Roger Caillois : d'un sacré traditionnel, fondé sur la religion (celui de l'*Énéide*), on est passé à une conception « laïque » du sacré, qui devient tout ce pour quoi on décide de brûler, d'aller jusqu'au bout de soi-même.

Pour se persuader de cette dévaluation du sacré religieux, il suffit de se rappeler le rôle négatif de censeur joué par le curé visionnant les films à projeter, et leur ôtant leur substance – ce qui nous vaut la magnifique scène finale de la guirlande des baisers censurés. C'est pour cela que, dans l'*Énéide*, les intercesseurs et les guides d'Énée se situent dans une hiérarchie ontologique complexe (de Vénus à Palinure, en passant par Anchise et la Sibylle), alors que ce rôle de guide est assumé, dans *Cinéma Paradiso*, avec un système en rhizomes plus qu'en racines : à travers une solidarité complexe des personnages, qui sont les uns pour les autres, chacun à son tour, le visage du destin, dans un « tissage » qu'aurait sans doute aimé l'Albert Camus de *La Peste*. Ce réseau, cette toile, où se prennent les héros mythiques, et surtout tragiques, on les retrouve dans nos séries télévisées : par exemple, *Dexter*, où tous les proches du héros sont victimes de sa « monstruosité », malgré son désir de les aider : alors, il se sent « maudit » et s'exile. C'est une des preuves de la pérennité du mythe : de l'*Énéide* à *Dexter*, ou à *Cinéma Paradiso*, tout change, mais rien ne change.

***

C'est pour cela que, au bout du compte, nous retiendrons surtout le lien profond, souterrain, entre le film et l'épopée. Dans les deux cas, le monde se régénère quand on le quitte, c'est au cœur même de cet abandon que le héros trouve sa force vitale, et le sens de son destin : un démembrement, préliminaire à un remembrement ontologique. C'est la base de tous les récits de mystères, dans la société gréco-romaine, et, de façon plus générale, dans tous les *scenarii* d'initiation. On pense au *solve et coagula* alchimique : le cinéma Paradiso « dilue » l'existence d'Alfredo et de Toto dans le rêve, mais il est aussi le creuset où ils construisent et densifient leur individuation, leur espace personnel. Et, visionnaires de ces forces de transmutation que nous appelons le destin, Virgile et Tornatore nous les donnent à voir, dans cette belle fraternité des créateurs, sensibles à l'*unitas multiplex*, à la symphonie complexe, à la fois immémoriale et changeante, des mondes qu'ils traversent.

Annexe 2

Le mythe comme thérapie : la dimension anagogique du mythe, utilisée en psychanalyse. Mircea Eliade et James Hillman[2]

« *Deo ignoto.* » (« au dieu inconnu »)

(Inscription gnostique gravée
sur l'autel de la villa-Fondation *Eranos* à Moscia)

« Ces événements n'eurent lieu à aucun moment,
mais existent toujours. »

(Saloustios, *De Deis et Mundo*, IV, 9)

Au terme de ce livre, et à l'appui de ses conclusions, il nous a semblé intéressant de convoquer deux grandes figures des études mythologiques et de la thérapie psychanalytique, Mircea Eliade et James Hillman, pour montrer à la fois ce qu'elles doivent aux mythes classiques, et ce qu'elles apportent à la relecture de ces mythes. En un mot, au-delà de toute querelle, Anciens et Modernes se nourrissent les uns des autres, dans une figure parfaitement réflexive.

Le rapprochement entre M. Eliade[3] et J. Hillman[4] n'a rien d'arbitraire ni de fortuit. Ils se sont connus, à de multiples reprises, à la

---

[2] Ce développement est repris de l'article « Mircea Eliade et James Hillman : deux pionniers des sciences humaines » in *Mircea Eliade et la pensée mythique* (I. Buse et J.-J. Wunenburger dir.), *Symbolon* 4, Éditions universitaires de l'Université Lyon III, 2008, p. 107-115.

[3] Pour une présentation des travaux de M. Eliade dans le contexte des études sur l'imaginaire, cf. J. Thomas, « Mircea Eliade », in *Introduction aux méthodologies de l'imaginaire* (J. Thomas dir.), Paris, Ellipses, 1998, p.121-127.

[4] James Hillman. trace un sillon important dans la psychanalyse américaine de référence jungienne (et, au-delà, dans les sciences humaines en général). Citons dans son abondante bibliographie *The Myth of Analysis. Three Essays in Archetypal Psychology* (1972 ; 4e édition, Evanston, Northwestern Univ. Press, 1997), trad. française *Le Mythe de la Psychanalyse* (Paris, Imago, 1977, rééd. Payot, 2006). – *We've Had a Hundred Years of Psychotherapy (and the World's Getting Worse)* (dont le titre est, à lui seul, tout un programme), Ulmus Company, 1992, avec M. Ventura ; trad. française *Malgré un siècle de*

Tagung de la Fondation C.-G. Jung à *Eranos*, à partir de 1966, et ils ont participé à ces célèbres sessions pluridisciplinaires de dix jours, à Moscia, sur le Lac Majeur, qui furent créées, à partir des années 30, autour de la personnalité de C.-G. Jung. Au-delà de ces rencontres, qui auraient pu rester fortuites ou superficielles, les deux hommes sont liés par toute une vision du monde. Pour risquer le paradoxe, on pourrait dire qu'Eliade est un anthropologue dont l'œuvre est indissociable de la psychologie, tandis qu'Hillman est un psychologue et un psychanalyste dont toute l'œuvre est tournée vers l'anthropologie, et dépendante d'elle. Ils ont tous deux en commun à la fois une passion pour la culture classique (tous deux sont des érudits, et de fins connaisseurs de la mythologie gréco-romaine), mais aussi la conviction que les disciplines liées à l'Antiquité sont intéressantes dans l'éclairage qu'elles nous apportent sur nous-mêmes. Pour eux, l'actualité de l'antiquité est une évidence.

Leur choix du corpus mythologique gréco-romain s'explique alors. On sait que les mythes grecs ont sans doute, à l'époque archaïque, été créés, dans un premier temps, pour rendre compte de rituels bien précis. Mais, avec le temps, les rites ont disparu, sont tombés dans l'obsolescence et l'oubli, alors que les mythes ont survécu. Privés de leur système de référence, ils ont pu acquérir alors, dans l'imaginaire des Grecs, une souplesse, une ductilité, qui les a ouverts à d'autres modes interprétatifs. C'est aussi cela, le miracle grec : les mythes bougent, s'éparpillent en une multiplicité de variantes, susceptibles d'être reprises, modifiées. Ce sont des palimpsestes. En ceci, ils s'opposent au corpus *ne varietur* des religions, qui proposent – imposent – une version canonique du récit hagiographique. La mythologie grecque (dont il ne faut pas oublier qu'elle nous lègue des versions tardives, et donc libérées du rituel originel par les siècles de l'histoire) se développe à la fois dans un contexte de complexité et de liberté.

Cela permettait aux lecteurs, aux auditeurs des mythes toute une richesse d'interprétation. Ils étaient actifs, dans un nécessaire travail de recomposition d'une matière qui ne leur était pas imposée. Ils avaient une marge de manœuvre. En ceci, le mythe relève bien d'une pensée complexe, au sens où celle-ci est auto-organisationnelle[5] : à la fois spécifiée de l'extérieur et de l'intérieur ; le mythe est donné comme un canevas,

---

psychothérapie, le monde va de plus en plus mal, 1998). – *Le Polythéisme de l'Âme* (Paris, Mercure de France, 1982, recueil traduit en français de plusieurs articles publiés aux États-Unis).

5 Cf. J. Thomas, « L'imaginaire et les autres concepts exploratoires (systémique, complexité) », in *Introduction aux méthodologies de l'imaginaire* (J. Thomas dir.), Paris, Ellipses, 1998, p. 161-164.

mais chacun de ses lecteurs le lit comme s'il n'était écrit que pour lui. Il y a plus : le mythe devient une sorte de support anagogique, de levain, à partir duquel le lecteur va construire son propre espace intérieur, avec sa coloration inimitable, liée à une histoire et à une sensibilité particulière. Le mythe est bien, par excellence, *unitas multiplex*, unité tissée dans la diversité.

Cette richesse potentielle du mythe comme matrice, structure formatrice, qui a été longuement développée dans les chapitres précédents de ce livre, Eliade et Hillman l'ont admirablement comprise, et toute leur œuvre en est l'expression. Dans cette perspective, tous deux repèrent, dans le mythe, un refus de la croyance, qui le distingue de la religion : il n'est pas nécessaire de croire au mythe, dans un acte de foi, car le mythe *est* ; sa réalité psychologique s'impose à nous. Comme le souligne Hillman, non sans malice, de ce fait,

> « les mythes doivent être lus avec humour, et non avec foi. Les Dieux ne réclament pas que je croie en eux pour pouvoir exister, de même que je n'ai pas besoin de la foi pour expérimenter leur existence. Il me suffit de savoir que je suis mortel, pour sentir la portée de leur ombre. Il suffit de regarder autour de soi, les yeux grands ouverts. La croyance n'apporte d'aide que lorsque l'on ne peut pas voir, ou lorsque l'on ne peut voir qu'à travers une vitre, obscurément. La foi comme je la conçois est une foi animale (Santayana) : ce qui est là est là, non pas parce que j'y crois, et cela ne disparaîtra pas si j'arrête d'y croire. Le chien qui renifle le vent ne croit pas au vent : il essaie simplement de se mettre d'accord avec lui et d'entendre ce qu'il dit. Ce qui n'est d'ailleurs pas tellement simple[6]... »

On comprend alors que les deux moteurs de la compréhension du mythe, chez Eliade et chez Hillman, soient la lucidité et le souci de la construction de soi.

La lucidité, d'abord. Car ce qu'il faut, c'est, en fait, apprendre à lire : loin de nous livrer à un acte de foi, il convient au contraire de faire table rase de tout ce qui peut nous influencer, sous forme d'idées reçues, de préjugés, dans notre réception du récit mythologique. Il faut en quelque sorte polir le miroir de la psyché, terni par toutes les influences, les effluences qui nous entourent. Alors, le mythe entre dans notre imaginaire pour opérer son deuxième travail, alchimique, celui-ci : une sorte de rencontre entre notre horizon d'attente personnel et le message véhiculé

---

[6] J. Hillman, *Le Polythéisme de l'âme*, Paris, Mercure de France-Le Mail, 1982, p. 47-48.

par les images symboliques. Il en naîtra une émergence : la psyché du lecteur se modifie à la « fréquentation » du mythe, pour devenir différente de ce qu'elle était.

En ceci, Eliade et Hillman, ces humanistes amoureux de la culture antique, font un travail véritablement socratique. Comme Socrate, ils privilégient d'abord l'élucidation. Ils convoquent la rigueur scientifique, pour trier, sélectionner, créer un sol solide et propice à la construction à venir. La taxinomie opérée par Eliade dans son *Traité d'Histoire des Religions*[7] est, dans cette perspective, un modèle. Comme Socrate, ils pratiquent le doute méthodique, destiné à donner à leur lecteur la conscience de ses insuffisances, de la fragilité de ses croyances. Ce n'est que lorsque son interlocuteur sait qu'il ne sait plus rien que Socrate passe à une autre phase de son enseignement. Comme lui, Eliade et Hillman ont alors recours à une approche qui délaisse le parcours strictement rationnel, nécessaire dans la première partie du travail, mais désormais insuffisant. Socrate disait qu'il s'en remettait alors à son *daïmôn*, ce que nous traduirions volontiers par « son intuition ». En bons psychologues jungiens, Eliade et Hillman n'oublient pas, à ce stade, la complexité d'une approche anagogique, qui se fonde sur des critères complémentaires, non aristotéliciens, cette fois : analogie, et non pas exclusion ; principe du tiers inclus, et non pas du tiers exclu. Ces protocoles sont les seuls à permettre une construction harmonieuse de l'espace intérieur de la psyché, sous forme d'une émergence, d'une dialogique qui va au-delà des instances initiales, sans les éliminer ni les dissoudre : *unitas multiplex*.

Cela explique qu'Eliade, comme Hillman, aient eu un intérêt tout particulier pour le polythéisme. Car le polythéisme a une sorte d'empathie, d'harmonie imitative avec le processus d'individuation psychologique qu'il initie. Comme nous l'avons dit, il ne s'agit pas d'imposer un dogme, dans un processus dualiste, de supérieur à inférieur. Nous parlons de psychologie ; et dès lors, toute mutilation, toute contrainte se traduit en termes de traumatisme. Tout doit se construire en souplesse, dans une efflorescence fondée sur le respect du vivant. Dès lors, Hillman, comme Eliade, affirment la prééminence du polythéisme, du *Polythéisme de l'Âme*. En multipliant des niveaux de description, en traduisant la multiplicité des énergies par la diversité même des dieux, le mythe parvient, peut-être mieux encore que les récits monothéistes, à restituer la complexité du vivant, et à rendre cette complexité opérative au cœur de la psyché. Hillman écrit :

---

[7] Paris, Payot, 1964.

> « Il est tout à fait possible – et ceci est maintenant ma conviction et mon cheval de bataille – que l'intérêt plus particulier accordé à une multiplicité d'hypostases divines et à leur processus de dévoilement dans les mythes, se montre plus psychologique même s'il apparaît moins religieux (du moins dans le sens monothéiste du terme). Car cet intérêt permet probablement une meilleure pénétration intuitive des émotions, des fantasmes et des relations qui se forment, même s'il est moins encourageant pour une théologie de la totalité évolutive. Il reflète probablement les illusions et les nœuds qui se font jour dans l'âme, même s'il satisfait moins la vision populaire de l'individuation par passage du chaos à l'ordre, du multiple à l'unique, vision dans laquelle la santé de la totalité en vient à signifier la domination de l'Un sur le multiple[8]. »

Car la vision polythéiste ne se perd pas dans la parcellisation. Elle est capable d'exprimer la vision de l'unité. Mais, comme le dit Hillman,

> « Pour la conscience polythéiste, en effet, l'un n'apparaît pas comme tel, mais il est contenu comme un parmi le multiple et à l'intérieur de chaque apparition du multiple[9]. »

On l'a vu, c'est précisément ce que, dans les théories de la complexité, on désigne comme une structure holiste : chaque élément du système contient en même temps la totalité du système. Donc, le multiple contient l'unité sans perdre pour autant les possibilités du multiple[10].

On conçoit aussi qu'Eliade ait un autre point commun avec Hillman : tous deux ont porté une attention particulière sur les mythes de type initiatique. Pour eux, il ne s'agit pas d'adhésion à une quelconque forme de mystique ou de religion, on l'aura compris. Simplement, les structures de type initiatique sont celles qui rendent le mieux compte, métaphoriquement parlant, du processus psychologique d'individuation et de construction de soi. On est donc tout naturellement conduit à accorder une place de premier plan à ce type de récits, parce qu'ils sont plus efficaces et plus performants. Ils fonctionnent par une sorte d'harmonie imitative, à vocation anagogique. Hillman nous montre comment la figure du

---

8 *Le Polythéisme de l'Âme*, p. 21.

9 *Ibid.*, p. 51.

10 Ce qui est une belle définition du multiculturalisme…

puer aeternus[11], celle d'Œdipe[12], sont des schémas récurrents qui aident l'individu à se construire. De même, on l'a vu, la figure d'Énée est à la fois un modèle collectif pour les Romains, et un idéal humain pour chaque Romain en particulier : le génie de Virgile réside dans cette aptitude à assumer à la fois l'univers régressif, éclaté, disparate, des images obsédantes, et le monde orienté, tendu, ascétique de la progression héroïque. Là est la vie, dans le respect du clair-obscur, dans la conjonction de la lumière et des ténèbres[13]

À ce stade, ce qui frappe, dans l'œuvre d'Eliade comme dans celle d'Hillman, c'est la modestie. On peut être étonné du terme, alors même que nous avons affaire à des œuvres d'une ampleur exceptionnelle, tant dans leur volume que dans leur retentissement. Mais c'est la démarche des auteurs qui est fondamentalement faite de modestie : souci de progresser avec humilité dans les linéaments des consciences individuelles, d'essayer d'y apporter un peu de clarté, et non pas ambition prométhéenne de créer une grosse machine explicative à vocation ontologique ou théologique. Cette modestie va de pair avec le respect pour la matière, le *corpus* : la mythologie classique est réhabilitée par nos exégètes, dans toute sa noblesse et sa dimension profonde. Elle n'est pas abordée comme simple sujet d'érudition, mais comme l'expression à la fois obscure et merveilleuse d'une somme séculaire d'efforts au cours desquels l'homme cherche à se donner à voir à lui-même, à ses semblables, pour mieux se comprendre dans son mystère essentiel. Cette émotion passe dans les deux œuvres, pleines d'empathie et de respect.

Cette modestie n'est pas sans courage : courage de ne pas hésiter à aller contre les idées reçues, contre les dogmes officiels ; par exemple, Hillman comme Eliade redonnent toute leur force aux vecteurs du désordre, perçu comme potentiellement constructif ; à la folie, comme activité d'enthousiasme créateur et non pas seulement simple tare ou anomalie psychique ; au rêve, réinstauré dans ses lettres de noblesse, et dans toute sa dimension de « voie royale » de la psyché, au même titre que l'activité diurne. Cela leur vaudra beaucoup de critiques, de mauvais coups (on n'aime pas ceux qui dérangent, qui pensent différemment de

---

[11] J. Hillman, « *Senex* and *puer* : an aspect of the historical and psychological present », in *Polarität des Lebens*, *Eranos Jahrbuch* 1967, Zürich, Rhein Verlag, 1968, p. 301-360.

[12] J. Hillman, « Œdipus Revisited », in *Wegkreuzungen, Eranos Jahrbuch* 1987, Frankfurt, Insel Verlag, 1989, p. 261-308.

[13] Cf. J. Thomas, *Structures de l'imaginaire dans l'Énéide*, Paris, Les Belles Lettres, 1981 (rééd. 2017).

l'institution), et on sait que, dans le cas d'Eliade, les attaques ont pu être d'une violence particulièrement injuste pour cette grande personnalité.

La divine surprise, qui nous est donnée en plus (comme une émergence...), c'est justement qu'Eliade et Hillman, comme G. Durand, comme Jung, peuvent proposer, au terme d'un patient et minutieux travail phénoménologique d'analyse, une vision élargie qui apparaît d'elle-même, et qui vérifie en quelque sorte la justesse du système : au-delà des arbres, émerge la forêt, avec ses grandes lignes de force archétypales. Mais en bons scientifiques, Eliade, Hillman, Durand nous les proposent comme un aboutissement, démontré par l'expérience, pas comme un a priori, une hypothèse de travail.

C'est là qu'on trouve un point commun peut-être essentiel entre nos deux auteurs : cette profonde dimension d'humanité qui a conduit Hillman à consacrer sa vie à soigner ses semblables atteints des « maladies de l'âme », la même qui a poussé Eliade à donner tout un support romanesque, une « littérarisation », comme second portant d'un diptyque, équilibrant son œuvre, et l'enracinant dans le chatoiement des couleurs de la vie, dans une densité et une chaleur d'humanité. Dans le monde de plus en plus impersonnel et parcellisé des différentes disciplines, Eliade et Hillman ont réussi, chacun dans son parcours, à aller au-delà des spécialités. Pour ces deux chercheurs, nous sommes les héritiers d'une civilisation de la culpabilité. Mais pas au sens où l'entendent les monothéismes. La *catharsis* n'est pas seulement dans la contrition, elle part du sentiment que « si les dieux sont l'arrière-plan réel de notre vie, et si nous sommes à leur image, alors notre maladie est également d'origine divine »[14]. Cette maladie de l'âme devient le ferment qui nous pousse à aller de l'avant, à devenir meilleurs et à mieux nous comprendre nous-mêmes, selon le *gnôti seauton*. Dans ce sens, la notion de pathologisation est indispensable. En particulier, ces grandes forces qui nous angoissent, et que nous appelons *tyché, fatum* : le destin ; *anankê, necessitas* : la nécessité, et qui se manifestent dans la psyché sous forme de fantasmes d'anxiété et de chaos, pour Eliade et Hillman, elles existent en soi, elles ont une forme de réalité, elles ne sont pas une maladie individuelle qui nous serait propre ; tout au plus, l'angoisse du monde prend-elle la coloration personnelle de notre propre angoisse. Remarquons au passage que cette angoisse de l'*anankê* se définit à la fois comme activité créatrice (car l'*anankê* est une *arché*, un principe primordial selon Platon) et comme un comportement pathologique, puisque l'anormal est impliqué dans tout acte d'existence, la norme n'étant au fond que le style particulier du fantasme qui habite

---

[14] *Le Polythéisme de l'Âme*, p. 71.

chaque société. Mais il y a de la grandeur à être « anormal », c'est même la condition de tout acte de création authentique, artistique ou scientifique ; ainsi, grâce aux avancées d'Eliade et de Hillman dans la psychologie des profondeurs, l'artiste, le génie scientifique, ne sont plus des marginaux inexplicables. Ils ont su explorer leur limite, faire l'écart qui les a conduits dans une autre perspective ; et il est intéressant de se souvenir qu'en grec, *skandalon* signifie à la fois « écart », « saut de côté », et « scandale » : l'homme de génie est toujours scandaleux.

Cela explique que ces explorateurs de la mythologie aient été aussi sensibles au sens du sacré. Certes, Eliade est un spécialiste de l'histoire des religions. Mais derrière les rituels et les dogmes, ce qu'il repère, c'est le sacré : cette façon pérenne dont l'homme se regarde lui-même, et se donne à voir le monde où il vit, se situe à la fois dans un macrocosme et dans son microcosme personnel. En ceci (et nous retrouvons Socrate), Hillman et Eliade affirment un côté prométhéen : quelque chose qui les rapprocherait peut-être de la pensée d'Albert Camus. Ils pensent qu'on peut décrire l'absolu, mais on ne peut pas le connaître autrement que par une expérience intime, personnelle, typiquement intuitive : le sens du sacré, le processus d'individuation, tel qu'il est décrit dans l'analyse jungienne, mais aussi dans toutes les quêtes de type initiatique. On ne s'avance pas trop en disant que, à leur manière, Eliade et Hillman sont des révoltés : révolte contre le monde moderne dans sa poussée de banalisation, d'abord, mais aussi révolte contre l'absurdité de la vie, quand elle ne prend pas sens. Le moteur de cette rébellion, ce ne sont pas les religions, mais c'est bel et bien le sacré, vecteur d'une ascèse et d'une alchimie intérieure. C'est sans doute pour cela que Hillman est psychanalyste, et qu'Eliade a écrit ses romans. Il y a du Prométhée chez eux : ils dérobent le feu aux dieux, pour le donner aux hommes. Ils pensent que notre chance, notre écrasante responsabilité aussi, c'est de donner du sens à une existence qui nous est donnée sans signification. La culture de la psyché devient, pour eux, l'opération qui donne du sens. Il faut imaginer Sisyphe heureux, disait Camus. C'est ce que font Eliade et Hillman : ils donnent à l'homme des raisons et des moyens d'être fier de sa vie. Ils nous montrent que notre dignité d'hommes vient à la fois de notre unicité et de notre appartenance à une unité qui nous transcende. Les forces de l'imagination, d'abord suscitées, trouvent alors toute leur signification dans une coïncidence avec un imaginal, au sens ou H. Corbin emploie ce terme[15] : toujours la dialogique, l'*unitas multiplex*. Dionysos dialogue

---

[15] Cf. H. Corbin, *En Islam iranien : aspects spirituels et philosophiques* (4 vol.), Paris, Gallimard, 1971-1976, et J. Thomas, « Henry Corbin », in *Introduction aux méthodologies de l'imaginaire*, p. 128-131.

avec Apollon, et Hermès n'est jamais absent. Il faut marier Éros et Psyché, mais à la manière où, dans le mariage de l'esprit et de l'âme, la lumière d'Éros éclaire les ombres des vallées, en révélant leurs ombres, leurs contours ; et ces ombres sont aussi belles que la lumière qui les révèle ; le découvreur et ce qu'il découvre s'enrichissent mutuellement ; le Yang est aussi beau que le Yin ; l'ordre s'intègre dans le désordre, se nourrit de lui, sans l'étouffer. La sublimation et l'ancrage dans la densité charnelle du corps se complètent, contribuent à l'émergence de cette merveille qu'est l'homme, comme disait Sophocle. Là est la vie, entre la légende et l'histoire, l'imaginaire et la réalité, dans l'unité et la diversité à la fois.

***

Nous commencions ce texte en soulignant qu'Eliade et Hillman s'étaient croisés, à *Eranos*. Au terme de notre analyse, nous pouvons affirmer qu'ils avaient assez d'affinités de pensée pour conduire une expérience commune, être compagnons. Et nous en avons la preuve, de la bouche même de Hillman : dans un recueil d'hommages à Gilbert Durand[16], autre compagnon d'*Eranos*, nous retrouvons les noms de Hillman et d'Eliade associés dans la table des matières[17] ; et dans son propre texte, Hillman fait explicitement allusion à ce lien qui unit les chercheurs d'*Eranos* ; ce qu'il écrit s'applique à Durand, mais aussi à Eliade (dont on sait la trace qu'il a laissée à *Eranos*), et de façon générale à toute la communauté des chercheurs d'*Eranos* :

> « La place d'*Eranos* dans nos pensées, quand nous ne sommes pas là, à *Eranos*. Quand nous travaillons, chacun de notre côté, il y a le corps invisible des compagnons ; nos mots écrits pour le cercle *Eranos*, qui n'est pas vraiment un cercle, ou alors un cercle imaginal, qui comprend les morts, un cercle qui nous lie à l'imaginal. La présence imaginale de chacun de nous, du fait de l'absence concrète mutuelle. La fidélité aux morts, la noblesse de l'aventure, son ironie, sa chevalerie[18]. »

---

[16] *La Galaxie de l'imaginaire* (M. Maffesoli dir.), Paris, Berg International, 1980.

[17] M. Eliade, « Notes sur la mythologisation de l'histoire », p. 213-216 ; et J. Hillman, « Compagnons d'Eranos, communion invisible », p. 217-220.

[18] J. Hillman, art. cit., p. 219.

BIBLIOGRAPHIE

AIGRISSE Gilberte, *Psychanalyse de la Grèce antique*, Paris, Les Belles Lettres, 1960.

AMEISEN Jean-Claude, *La Sculpture du vivant*, Paris, Seuil, 2003.

BARDON Henry, *Le Génie latin*, Bruxelles, Latomus, 1963.

BÉARD Mary, NORTH John et PRICE Simon, *Religions de Rome* (trad. française ; éd. originale Cambridge, 1998), Paris, Picard, 2006.

BERTALANFFY Ludwig von, *Théorie générale des systèmes*, Paris, Dunod, 1973.

BOIA Lucian, *Pour une histoire de l'imaginaire*, Paris, Les Belles Lettres, coll. « Vérité des mythes », 1998.

BOULOGNE Jacques (dir.), *Les Systèmes mythologiques*, Lille, Presses universitaires du Septentrion, 1997.

BRAGUE Rémi, *La Sagesse du monde. Histoire de l'expérience humaine de l'univers*, Paris, Fayard, 1999.

CAILLOIS Roger, *Le Mythe et l'homme*, Paris, Gallimard, 1938.

CAMPBELL Joseph, *Le Héros aux mille et un visages*, Paris, Robert Laffont, 1977.

CHAUVIN Danièle, SIGANOS André et WALTER Philippe (dir.), *Questions de mythocritique*, Paris, Imago, 2005.

DAMASIO Antonio R., *L'Erreur de Descartes. La raison des émotions* (tr. française), Paris, Odile Jacob, 1995.

DEFORGE Bernard, *Le Commencement est un dieu. Un itinéraire mythologique*, Paris, Les Belles Lettres, coll. « Vérité des mythes », 2e éd., 2004.

DEONNA Waldemar, *Le Symbolisme de l'œil*, Paris, De Boccard, 1965.

DESOILLE Robert, *Le Rêve éveillé en psychothérapie. Essai sur la fonction de régulation de l'inconscient collectif*, Paris, PUF, 1945.

DETIENNE Marcel, *L'Invention de la mythologie*, Paris, Gallimard, 1981.

ID., *Apollon le couteau à la main*, Paris, Gallimard, 1998.

DIEL Paul, *Le Symbolisme dans la mythologie grecque, étude psychanalytique*, Paris, Payot, 1952 (1975).

DODDS Eric R., *Les Grecs et l'irrationnel*, Paris, Aubier-Montaigne, 1965 (éd. originale, Berkeley, 1959).

DURAND Gilbert, *Les Structures anthropologiques de l'imaginaire*, Paris, Dunod, 1960 (12e éd., 2016).

ID., *Figures mythiques et visages de l'œuvre. De la mythocritique à la mythanalyse*, Paris, Dunod, 1992.

ID., *L'Imaginaire. Essai sur les sciences et la philosophie de l'image*, Paris, Hatier, 1994.

ID., *Introduction à la mythodologie. Mythe et société*, Paris, Albin Michel, 1995.

ELIADE Mircea, *La Nostalgie des origines*, Paris, Gallimard, 1971.
FRONTISI-DUCROUX Françoise et VERNANT Jean-Pierre, *Dans l'œil du miroir*, Paris, Odile Jacob, 1997.
HADOT Pierre, *Exercices spirituels et philosophie antique*, Paris, Institut d'Études Augustiniennes, 1981.
HARDIE Philip (éd.), *Augustan Poetry and the Irrational*, Oxford, Oxford University Press, 2016.
HILLMAN James, « *Senex* and *Puer* : an Aspect of the Historical and Psychological Present », *Eranos Jahrbuch, Polarität des Lebens*, Zürich, Rhein Verlag, 1968, p. 301-360.
ID., *Le Polythéisme de l'âme*, Paris, Mercure de France-Le Mail, 1982.
ID., *Puer aeternus*, Florence, Adelphi, 1999.
JUNG Carl Gustav et KÉRÉNYI Carl, *Introduction à l'essence de la mythologie*, Paris, Payot, trad. française, 1993 (1953 ; éd. originale, Zurich, Rhein Verlag, 1941).
JUNG Carl Gustav, *Métamorphoses de l'âme et ses symboles*, Genève, Georg, 1953.
JUNG Carl Gustav et PAULI Wolfgang, *Correspondance* (1932-1958), Paris, Albin Michel, 2000.
LUPASCO Stéphane, *Le Principe d'antagonisme et la logique de l'énergie*, Paris, Hermann, 1984.
MAFFESOLI Michel, *Éloge de la raison sensible*, Paris, Grasset, 1996.
MILNER Max, *On est prié de fermer les yeux*, Paris, Gallimard, 1991.
MOREAU Alain, *La Fabrique des mythes*, Paris, Les Belles Lettres, coll. « Vérité des mythes », 2006.
MORIN Edgar, *La Méthode,* III. *La Connaissance de la connaissance*, Paris, Seuil, 1986.
ID., *La Tête bien faite. Repenser la réforme. Réformer la pensée*, Paris, Seuil, 1999.
NEUMANN Eric, *Amor und Psyche. Deutung eines Märchens. Ein Betrag zur seelischen Entwicklung des Weiblichen*, Freiburg, Olten, 1984.
NICOLAIDIS Graziella et Nicolas, *Mythologie grecque et psychanalyse*, Neuchâtel, Delachaux et Niestlé, 1994.
PIGEAUD Jackie, *La Maladie de l'âme. Étude sur la relation de l'âme et du corps dans la tradition médico-philosophique antique*, Paris, Les Belles Lettres, 1981.
RAMNOUX Clémence, *La Nuit et les Enfants de la Nuit dans la tradition grecque*, Paris, Flammarion, 1959.
RANK Otto, *Le Mythe de la naissance du héros*, Paris, Payot, 1983.
ROBERT Jean-Marc, *Rome, la gloire et la liberté. Aux sources de l'identité européenne,* Paris, Les Belles Lettres, 2008.
RUDHARDT Jean, « Une approche de la pensée mythique : le mythe considéré comme un langage », *Studia Philosophica*, 1966, p. 208-237.
SIMON Gérard, *Le Regard, l'être et l'apparence dans l'optique de l'Antiquité*, Paris, Seuil, 1988.

THOMAS Joël, *Structures de l'imaginaire dans l'*Énéide, Paris, Les Belles Lettres, 1981 (rééd. 2017).
ID., *L'Imaginaire de l'homme romain. Dualité et complexité*, Bruxelles, Latomus, 2006.
ID., « Les intuitions de la civilisation antique, au miroir du structuralisme et des neurosciences », in *Science et imaginaire*, Lisbonne, Cahiers du CEIL, 2013,
http://www.ceil.fcsh.unl.pt/cadernos/PDF/5_CCEIL2_ 2012_JT.pdf.
ID., (et MONNEYRON Frédéric), *Mythes et littérature*, Paris, PUF, coll. « Que sais-je ? », 2e éd., 2012.
ID., (dir.), *Introduction aux méthodologies de l'imaginaire*, Paris, Ellipses, 1998.
ID., *Mythanalyse de la Rome antique*, Paris, Les Belles Lettres, coll. « Vérité des mythes », 2015.
VERNANT Jean-Pierre, *La Mort dans les yeux. Figures de l'autre en Grèce ancienne*, Paris, Hachette, 1998.
ID., *Figures, idoles, masques*, Paris, Julliard, 1990.
VEYNE Paul, *Les Grecs ont-ils cru à leurs mythes ? Essai sur l'imagination constituante*, Paris, Seuil, 1983.
ID., *L'Empire gréco-romain*, Paris, Seuil, 2005.
WUNENBERGER Jean-Jacques, *La Raison contradictoire. Sciences et philosophie modernes : la pensée du complexe*, Paris, Albin Michel, 1990.
ID., *Le Sacré*, Paris, PUF, coll. « Que sais-je ? », 1990.
ID., *L'imaginaire*, Paris, PUF, coll. « Que sais-je ? », 2003.

TABLE DES MATIÈRES

Titres parus dans la collection

Watthee-Delmotte Myriam (dir.), *La violence : représentations et ritualisations,* 2002.

Deproost Paul-Augustin & Coulie Bernard (dir.), *Utopie. Imaginaires européens I*, 2002.

Deproost Paul-Augustin & Coulie Bernard (dir.), *L'Imaginaire des langues. Imaginaires européens II*, 2003.

Ammour-Mayeur Olivier, *Imaginaires métisses. Passages d'Extrême-Orient et d'Occident chez Henry Bauchau et Marguerite Duras*, 2004.

Wyns Marielle, *Jean Cocteau. L'empreinte de l'ange*, 2005.

Deproost Paul-Augustin & Coulie Bernard (dir.), *Frontières. Imaginaires européens III*, 2005.

Dekoninck Ralph & Watthee-Delmotte Myriam, *L'idole dans l'imaginaire occidental*, 2005.

Claisse Stéphanie & Lemoine Thierry, *Comment (se) sortir de la Grande Guerre? Regards sur quelques pays « vainqueurs » : la Belgique, la France et la Grande-Bretagne*, 2005.

Ammour-Mayeur Olivier, *Henry Bauchau, une écriture en résistance*, 2006.

Dekoninck Ralph, Desmulliez Janine & Watthee-Delmotte Myriam (dir.), *Controverses et polémiques religieuses. Antiquité et Temps Modernes*, 2007.

Martens David (dir.), *Blaise Cendrars. Un imaginaire du crime*, 2008.

Watthee-Delmotte Myriam (volume coordonné par), *Art de lire, art de vivre. Hommage au Professeur Georges Jacques*, 2008.

Mignon Nicolas, *Les Grandes Guerres de Robert Vivier (1894-1989). Mémoires et écriture du premier conflit mondial en Belgique*, 2008.

Sable Lauriane, *Pierre Jean Jouve, une poétique du secret. Étude de Paulina 1880*, 2008.

Aguer-Sanchiz Mary, *D'Homère à Kazantzaki. Pour une typologie de l'imaginaire odysséen*, 2008.

Sigayret Lucien, *L'imaginaire de la guerre et de l'amour chez Claudien, dernier poète de l'Empire romain*, 2009.

Déom Laurent & Tilleuil Jean-Louis (dir.), *Le héros dans les productions littéraires pour la jeunesse*, 2010.

Dubois Matthieu, *Figuration contemporaine de la poésie amoureuse. Du Mouvement et de l'immobilité de Douve d'Yves Bonnefoy*, 2011.

de Ornellas e Castro Iñès, *De la table des dieux à la table des hommes. La symbolique de l'alimentation dans l'Antiquité romaine*, 2011.

Join-Lambert Arnaud, Goriely Serge & Fevry Sébastien (dir.), *L'imaginaire de l'Apocalypse au cinéma*, 2012.

Dubreuil Philippe, *Le marché aux injures à Rome. Injures et insultes dans la littérature latine*, 2013.

Deproost Paul-Augustin (dir.), *Extravagances. Écarts et normes dans les textes grecs et latins*, 2014.

Join-Lambert Arnaud, Goriely Serge & Fevry Sébastien (dir.), *Regards croisés sur* Incendies. *Du théâtre de Mouawad au cinéma de Villeneuve*, 2016.

Achevé d'imprimer par Corlet Numérique - 14110 Condé-sur-Noireau
N° d'Imprimeur : 135853 - Dépôt légal : février 2017 - *Imprimé en France*

www.ingramcontent.com/pod-product-compliance
Lightning Source LLC
LaVergne TN
LVHW010926051026
849532LV00003B/858
9782806103314